KB017643

# **엑스맨**은 **어떻게 돌연변이**가 되었을까?

* 이미지 제공

Albert Robida, Alcor Life Extension Foundation, Brian Wowk, BrokenSphere, chris Doornbos, Daksh121, Defense Imagery Management Operations Center, Doc. RNDr. Josef Reischig, CSc, Funkmonk, Jens Bludau, jgmarcelino, Kansascity.com, Nobu Tamura, null0, Oregon State University, Philip Leonian, Rosalee Yagihara, U.S. Navy / Shutterstock

# 엑스맨은 어떻게 돌연변이가 되었을까?

대중문화 속 과학을 바라보는
어느 오타쿠의 시선

| 박재용 지음 |

애플북스

CONTENTS

프롤로그 “이 세상 모든 것이 과학이다.” _7

## 1장 영화, 생명의 진화와 멸망을 그리다

1 티라노사우루스는 정말 쥐라기 때 살았을까? _12
〈쥬라기 월드〉로 보는 공룡의 숨겨진 진실

2 심바는 정말 초원의 왕이 되었을까? _33
〈라이온 킹〉으로 보는 동물의 세계

3 엑스맨은 어떻게 돌연변이가 되었을까? _48
〈엑스맨〉으로 보는 생물의 진화

4 내일 온 세상이 망한다면 무엇 때문일까? _61
〈나는 전설이다〉로 보는 지구 종말 시나리오

5 지구로 소행성이 날아온다면 어떻게 될까? _79
〈아마겟돈〉으로 보는 소행성 충돌

## 2장 기술, 인간의 몸과 마음속으로 들어오다

1 우리가 먹는 케이크는 GMO가 아니라고 할 수 있을까? _96

〈서양골동과자점 앤티크〉로 보는 식물의 진화

2 사이보그 기술로 어떻게 장애를 극복할 수 있을까? _111

〈여인의 향기〉로 보는 생체공학

3 암에 잘 걸리는 나이가 따로 있는 이유는 뭘까? _127

〈버킷리스트〉로 보는 암 치료의 발전

4 치매 같은 뇌 질환은 왜 치료하기 힘들까? _143

〈내 머리 속의 지우개〉로 보는 뇌 과학

5 캡틴 아메리카는 어떻게 냉동 상태에서 멀쩡히 깨어났을까? _157

〈캡틴 아메리카〉로 보는 냉동인간 기술

## 3장 AI, 인간, 그리고 인격을 말하다

1 테오도르는 AI와의 사랑보다 실업문제를 고민해야 하지 않을까? _170

〈그녀〉로 보는 AI와 미래의 일자리

2 혹성탈출 원숭이는 인격이 있다고 할 수 있을까? _189

〈혹성탈출〉로 보는 비인간 인격체

3 로봇은 인간과 자신 중 누굴 먼저 지켜야 할까? _202

〈아이, 로봇〉으로 보는 로봇 윤리

4 안드로이드는 어떻게 우리의 동반자가 될 수 있을까? _219
〈바이센테니얼 맨〉으로 보는 미래의 로봇

## 4장 과학, 바다와 하늘을 너머 우주로 가다

1 오디세우스의 귀향길은 왜 그토록 험난했을까? _236
〈율리시즈〉로 보는 바닷길의 발전

2 타이타닉호는 왜 그렇게 크게 만들었을까? _247
〈타이타닉〉으로 보는 증기기관의 등장

3 맷 데이먼은 왜 화성에 감자를 심었을까? _262
〈마션〉으로 보는 최후의 미개척지 개발

4 다른 차원 우주에 사는 존재와 어떻게 만날 수 있을까? _289
〈몬스터 주식회사〉로 보는 차원 이동

5 시간을 달리는 소녀가 구하려는 친구는 과거와 같은 사람일까? _303
〈시간을 달리는 소녀〉로 보는 평행우주

프롤로그

# "이 세상 모든 것이 과학이다."

이과 출신의 어떤 이가 "달은 초창기 지구와 테이아(Theia)의 대충돌로 만들어졌다"라고 하니, 옆의 문과 출신이 "이과도 별수 없네. 달이 대충 돌로 만들어졌다니. 돌로 만들어진 걸 누가 모른담"이라 했다는 농담을 들었다. 이런 식의 농담이 오고 갈 정도로 많은 사람들이 이과와 문과는 서로 전혀 다른 사고방식과 태도를 가지고 있다고 말한다. 그만큼 이과는 문과를 이해하지 못하고, 문과는 이과를 설득하지 못한다. 뭐 그럴 수도 있겠다.

한편, 앞으로 세상을 살아가기 위해선 이과적 태도와 문과적 태도를 겸비해야 한다고, 융합이며 통섭이 중요하다고 말하기도 한다. 그래서 이과도 인문학을 알아야 하고, 문과도 과학을 알아야 한다고들 한다. 당연한 말이다. 그러나 짧게는 몇 년, 길게는 몇십 년을 서로의 분야에 대해 담을 쌓고 살아온 세월이 있는데 이를 극복하기란 쉽지 않다.

학문 간의 간격을 좁히고, 벽을 허물기 위해 얼마 전부터 다양한 대중서적이 출간되고 있다. 이 책을 펴낸 취지도 마찬가지다. 그리고 그 '도구'로 영화를 선택했다. 다양한 영화를 보며 어떤 이야기를 만들어갈지 고민하는 과정은 힘도 들었지만 재미도 있었다. 무엇보다 너무 뻔한 이야기를 늘어놓지 않도록 신경을 썼다. 가령 〈스페이스 오디세이 2001(2001: A Space Odyssey, 1968)〉을 가지고 우주 탐사를 이야기하고, 〈그래비티(Gravity, 2013)〉를 가지고 중력을 이야기하는 식이면 너무 뻔할 것이라고 생각했다. 물론 모든 이야기에 반전을 두지는 않았지만 나름 반전의 재미를 넣고자 했다.

사실 무슨 이야기든 잘 읽다 보면 그 속에 과학이 들어 있지 않은 것은 없다. 세상 모든 것이 과학이기 때문이다. 하지만 이 말은 반대로도 해석할 수 있다. 세상 모든 일은 모두 인문학이다. 과학마저도 마찬가지다. 어떤 눈으로 보는지에 따라 다를 뿐이리라. 가령 피카소가 그린 〈우는 여인(Weeping Woman)〉을 보면서 '왜 우는지'에 대해 생각해보자. 여인이 우는 이유나 원인을 인간의 진화 과정에서 따져볼 수도 있고, 분자생물학적 관점에서 볼 수도 있다. 또는 여인이 처한 사회적 현실로부터 유추할 수 있고, 여인의 심리적 불안으로부터 연유를 찾을 수도 있다. 어떤 접근이든 모두 대답은 된다. 다만, '왜 우는가'란 질문의 목적에 따라 정답이 달라질 뿐이다.

이 책은 과학의 눈으로 영화에서 발견한 질문에 대한 답을 찾아보는 과정에서 우리를 다시 돌아보자는 생각으로 썼다. 인공지능의 시대에 인간이란 무엇인가 하는 의문에 대해, 지구온난화와 환경오염 등으로 우리가 스스로를 파괴하는 시대에 대해, 생태계의 한 존재로서의 인간에 대해 묻고 답하고 있다. 그러나 어떤 문제에 대해선 답을 미루기도 한다. 답을 말할 사람이 내가 아니라 독자와 나 자신을 포함한 인류 전체인 경우도 있고, 아직 답을 내리기 섣부른 경우도 있기 때문이다. 여러분들도 책에서 제기하는 질문에 나름의 답을 찾으면서 읽어보시면 좋겠다.

각 질문의 도입부에 등장하는 글은 내가 영화의 등장인물이 되어 그들이 느낄 법한 생각이나 감정, 겪을 법한 상황을 상상한 것이다. 일부는 실제 대사이기도 하지만 내가 꾸며낸 것도 많다. 어떤 내용이 실제 영화에 담긴 것인지 알아가는 일도 하나의 재미가 될 수 있지 않을까 싶다.

즐겁게 읽으시고 그동안 몰랐던 과학적 사실 몇 가지를 더 알고 지식을 얻어 과학적 사고방식과 친해질 수 있다면 더 큰 바람이 없겠다.

2019년 10월,

글쓴이 박재용

# 1장

# 영화, 생명의 진화와 멸망을 그리다

# 티라노사우루스는 정말 쥐라기 때 살았을까?

### <쥬라기 월드>로 보는 공룡의 숨겨진 진실

티라노사우루스: 랩터야, 랩터야, 너 꼴이 심하게 웃긴다. 깃털은 다 어디로 가고 비늘을 뒤집어쓰고 있냐. 클클.

랩터: 어이, 티라노. 남 말 할 때가 아닌데. 꼬리를 축 늘어트린 꼴이라니. 뛸 때마다 땅에 꼬리가 쓸려서 어쩌냐. 나도 그렇지만 너도 엄청 이상해.

티라노사우르스: 맞아, 웃을 때가 아녀. 나를 이렇게 만들어놓은 저 인간들 정말 맘에 안 들어. 대지를 울리며 달리던 내가 꼬리를 늘어트린 꼴이라니. 꼬리 밑이 쓸려서 다 까졌어. 억지로 꼬리를 들고 다니려니 영 힘들어 죽겠다니까. 저것들 데려다가 중생대 시간 여행이라도 한번 시켜줬어야 했나 봐.

랩터: 그러게 말야. 중생대 최고의 패셔니스트이자 가장 날쌘 사냥꾼

인 나 랩터를 비늘 덮힌 도마뱀 꼴로 만들어놓은 건 또 뭐냐. 파란색, 노란색, 빨간색 형형색색으로 빛나던 깃털. 그게 바로 내 존재의 의미였는데.

티라노사우르스: 근데 랩터야. 너 깃털이 빠지니 몸이 반쯤 줄어들었어. 마치 털 뽑힌 닭 같아. 그래서야 먹잇감들이 너를 보고 겁이라도 먹겠냐.

랩터: 생각하면 할수록 성질이 뻗쳐서 못 참겠군. 어이 티라노. 저 인간들 한번 혼쭐 내야지 않겠어?

티라노사우르스: 좋지. 나도 마침 그럴 생각이었네. 어디 활극 한번 찍어볼까?

### 공룡에겐 비늘 대신 깃털이 있었다

공룡에 대해 가장 잘 아는 친구들은 초등학교 저학년 아이들이다. 어린이집에 들어갈 즈음부터 공룡 이름을 하나둘 외기 시작해서 초등학교 3학년 정도 되면 한 반에 공룡 전문가가 몇 명씩 나타난다. 물론 조금 더 나이가 들면 공룡에 대한 관심은 대부분 사라지고 이름도 다 까먹는다. 흔히 공룡 곡선이라고 부르는 주기가 있다. 그래서 어른이 되면 영화에 나온 대표적인 공룡의 이름 몇 개 정도만 기억하는 데 그치곤 한다. 대부분 티라노사우루스(tyrannosaurus), 벨로키랍토르(velociraptor), 브라키오사우루스(brachiosaurus) 정도가 전부일 것이다.

이 이름들을 기억하는 것도 사실 영화 〈쥬라기 공원(Jurassic Park)〉[1] 시리즈를 본 덕분이겠다. 대부분 시리즈 전체는 아니라도 최소 한 편 이상은 봤을 것이다. 물론 나는 이 책을 쓰기 위한 목적 때문에라도 전부 봤다. 그런데 〈쥬라기 공원〉에 나오는 티라노사우루스의 모습이 각 편마다 조금씩 다른 걸 눈치챘는가. 공룡에 대한 연구가 발전하면서 공룡의 원래 모습을 이전보다 훨씬 더 잘 알게 되었고, 그 내용들이 영화에 반영되었기 때문이다.

〈쥬라기 공원〉 시리즈에서 공룡의 제왕으로 나오는 티라노사우루스는 사실 백악기 후기(6,700만 년 전 ~ 6,500만 년 전)에 살았다.

많은 사람들이 화석으로 공룡을 처음 접했을 때 많이 당황했다. 그토록 거대한 뼈를 가진 생물을 본 적이 없었을 테니 어쩌면 당연한 일이었다. 각자 자신의 마음대로 상상을 했고, 그 결과 희한한 복원도들이 그려졌다. 그러나 연구를 거듭하면서 점차 커다랗고 괴상한 뼈의 주인공들이 중생대에 살았던 파충류의 일종인 공룡인 것으로 밝혀졌다.

공룡이 파충류라는 것은 두개골 화석으로 확인할 수 있다. 육상 척추동물의 두개골에는 눈구멍 외에도 구멍이 또 있다. 파

1 '쥬라기'는 외래어 표기법에 따르면 '쥐라기'로 써야 하지만, 영화 제목에 한해 혼용해 사용하였다.

충류는 모두 좌우에 하나씩 측두창이라는 구멍이 있고 포유류는 모두 하나만 가지고 있다. 그래서 구멍이 두 개인 녀석들을 이궁류(diapsid)라 하고, 하나씩인 녀석들을 단궁류(synapsid)라고 한다. 이궁류나 단궁류라는 이름을 따로 붙인 이유는 파충류나 포유류의 방계조상쯤 되는 화석들에도 구멍이 있었는데, 이들을 딱히 파충류나 포유류라고 부르긴 애매했기 때문이기도 하다. 어쨌든 현세에 두개골에 구멍이 두 개인 녀석들은 오로지 파충류와 조류뿐이다. 인간을 비롯한 모든 포유류는 두개골에 구멍이 한 개다.

화석의 주인공들이 파충류의 일종이라는 사실이 확인되자 사람들은 파충류를 통해서 알 수 있는 사실을 동원해 복원도를 만들었다. 현재의 파충류처럼 재현을 한 것이다. 그래서 처음 복원된 공룡은 몸의 표면은 비늘로 덮여 있고, 차가운 피를 가지고 있으며, 네 다리로 어슬렁거리듯 굼뜨게 걷는 모습을 하고 있다. 또 꼬리는 길게 늘어져 땅에 질질 끌리고, 긴 목도 중력을 이기지 못해 앞으로 축 늘어져 있었다. 단순히 지금의 도마뱀을 백 배 정도 확대한 모습이었다. 무기력하고 굼뜨고 어기적거리고 기어 다니는 커다란 도마뱀 이상도 이하도 아니었다. 하지만 고생물학자들이 새로운 공룡의 뼈를 계속 발굴하고, 골격에 대한 역학적 연구가 거듭되면서 공룡의 모습은 놀랍게 바뀌었다.

우선 척추가 곧추서게 되었다. 많은 육식 공룡들은 자신의 상반신을 충분히 지탱할 수 있는 골반을 갖고 있었다. 그리고 공룡의 뒷다리는 생각보다 튼튼하고 효율적이었다. 복원도에서도 굽었던 등이 펴지고 꼿꼿해졌다. 두 눈의 위치는 두개골이 평소 어떤 방향을 향하는지를 나타낸다. 초식동물이든 육식동물이든 눈은 적과 먹잇감을 최대한 잘 살필 수 있는 방향에 위치하게 마련이다. 공룡 두개골로 확인할 수 있는 눈의 위치는 그들이 머리를 꼿꼿이 들고 서 있었다는 걸 보여준다. 티라노사우루스처럼 머리가 큰 녀석들도 그렇다.

게다가 보존 상태가 좋은 공룡의 화석들이 발견되면서 지금의 새와 마찬가지로 공룡이 깃털을 가지고 있었다는 사실이 밝혀졌다. 대부분의 과학자들은 공룡과 새의 깃털은 파충류의 비늘에서부터 진화한 결과라고 생각했다. 그런데 깃털은 공룡이 새로 진화하는 과정에서 생긴 것이 아니라 그보다 훨씬 먼저 생겼다는 걸 알게 되었다. 21세기 들어서 새롭게 발굴된 공룡 화석 중에는 깃털의 흔적이 함께 남아 있는 것들도 많았던 것이다.

공룡이 깃털을 가지게 된 이유는 크게 두 가지로 여겨진다. 바로 보온과 성 선택이다. 중생대 쥐라기와 백악기는 지금보다 따뜻하고 산소농도도 높았지만, 밤이 되면 조금 서늘하기도 했다. 위도가 높은 지역이나 고산지대는 더 추웠을 것이다. 체온을 보존하려면 좋은 단열재가 필요할 것이다. 중생대부터 지금까지 깃털은 가장 좋은 단열재 역할을 했다. 동물 윤리적인 문제에도 불구하고 구스다운이나 덕다운 같은 겨울철 외투가 인기 있는 것을 봐도 알 수 있다. 깃털은 가는 털 사이사이에 공기를 듬뿍 보관할 수 있어서 단열효과가 아주 높다. 그러니 공룡들도 추운 겨울밤 체온을 유지하는 데 큰 문제가 없었을 것이다. 겨울을 나는 새들도 마찬가지다. 가지 위에서 흠뻑 눈을 맞으면서도 여유 있게 살아가는 겨울새들의 모습은 깃털의 위력을 실감케 한다.

그런데 체온을 보존한다는 말은 반대로 체온이 일정하게 유지된다는 뜻이다. 즉, 공룡이 우리가 기존에 알던 것처럼 변온동물이 아니라 정온동물이라는 것이다. 참고로 냉혈동물이란 말도 자주 쓰는데 이는 정확한 표현이 아니다. 변온동물이란 외부의 온도에 따라 체온이 변하는 동물을 말한다. 날씨가 따뜻할 때는 동물의 피도 따뜻해지고, 외부가 추울 때는 동물의 피도 차가워진다. 항상 냉혈을 유지하는 것은 아니라는 말이다. 어찌 되었든 과학자들 사이에서 공룡은 친척 파충류인 도마뱀이나 악어, 거북과는 달리 정온동물이었다는 주장이 점차 힘을 얻고 있다.

대표적인 공룡의 습성을 통해 체온 변화에 대해 살펴보도록 하겠다. 영화 〈쥬라기 월드(Jurassic World, 2015)〉에서 벨로키랍토르는 엄청난 빠르기로 달린다. 주로 먹이를 사냥할 때 여럿이 집단으로 달려가 사냥감의 경동맥을 물어 숨통을 끊는 방법을 쓴다. 그렇게 움직이려면 대단히 많은 에너지가 필요하고, 물질대사가 활발해야 한다. 물질대사가 활발하려면 체온이 일정하게

벨로키랍토르 역시 백악기 후기에 나타났던 공룡으로, 그 이름은 '날랜 사냥꾼', '날렵한 도둑'이라는 뜻이다.

유지되는 편이 좋다.

그런데 도마뱀이 아침에 일어나서 따뜻한 양지의 바위 위에 올라가 해바라기를 하는 모습을 다큐멘터리에서 종종 볼 수 있다. 모두 체온을 올리기 위한 행동이다. 체온이 올라야 비로소 움직일 수 있기 때문이다. 겨울잠을 자는 뱀은 옆에서 건드려도 제대로 움직이질 못한다. 체온이 낮아서 그렇다.

체온이 너무 올라가도 위험하다. 우리도 여름 한낮에 땡볕에서 일하다가 일사병에 걸리는 경우가 종종 있다. 동물들도 마찬가지다. 도마뱀들도 아주 더운 한낮에는 그늘에서 쉬곤 한다. 그러나 덩치가 큰 공룡은 그럴 수 없었을 것이다. 이때 깃털이 있다면 좋은 방어책이 될 수 있다. 깃털은 외부의 높은 기온이 몸속으로 들어오는 것도 막아준다. 사막의 베두인 사람들이 긴 천으로 온몸을 감싸는 것과 같은 원리인데 효과는 더 좋다.

깃털의 또 다른 효용은 성 선택에서 찾을 수 있다. 닭의 경우 수컷이 암컷보다 화려하다. 볏도 있고, 깃털의 색깔도 다양하다.

공작도 수컷은 대단히 화려한 데 비해 암컷은 수수하다. 수컷이 이렇게 화려한 이유는 암컷의 선택을 기다리는 입장이기 때문이다. 그래서 수컷 새들이 '무리하게' 화려한 치장을 하고 있는 것이다.

실제 화석을 분석해본 결과, 공룡들의 수컷도 화려하고 다양한 깃털을 가지고 암컷을 유혹했을 거란 주장이 정설이 되고 있다. 공룡은 머리 위에 빨간 볏이 달려 있고, 짧은 앞발에는 새의 날개처럼 길고 환한 깃털이 달려 있었다. 등에도 척추를 따라 깃털이 솟아올라 있었다. 고개를 들고 '꾸애액!' 하고 고함을 지르며 육중한 뒷다리로 지축을 박차고 달렸을 것이다. 꼬리에도 예쁜 깃털이 솟아나 있어서 달리는 동안 몸의 균형을 맞추며, 방향을 바꿀 때도 몸이 안정감을 유지하도록 해주었다. 우리가 영화에서 보던 공룡과는 아주 많이 다르다. 어쩌면 다음에 제작되는 공룡 영화에서는 이렇게 화려한 공룡의 모습을 볼 수 있을지 모른다. 마치 새처럼 깃털이 달린 모습을!

### 바다와 하늘에는 공룡이 없었다

우리는 일반적으로 중생대(Mesozoic Era), 특히 쥐라기(Jurassic Period)와 백악기(Cretaceous Period)에 살았던 거대 파충류는 모두 공룡으로만 알고 있다. 하지만 공룡은 지상을 지배했을 뿐이다. 당시 하늘과 바다를 지배했던 파충류는 우리가 흔히 아는 공룡과는 많이 다른 녀석들이다.

우선 하늘을 지배한 파충류는 익룡(pterosaurs)이다. 공룡이 지구에 모습을 드러낸 것은 중생대 초 트라이아스기(Triassic Period)다. 당시 지상의 왕자는 공룡이 아니었다. 중생대 후반의 포유류가 공룡에 눌려 지냈던 것처럼 중생대 초기의 공룡은 이제 막 기지개를 켜는 정도였다. 바로 그때 익룡이 하늘을 날았다. 익룡은 공룡과는 달리 하늘을 날기 시작하자마자 하늘의 제왕이 되었다. 이전까지 하늘을 날던 건 곤충뿐이었기 때문이다.

익룡의 조상은 작은 파충류였다. 처음에는 천적을 피해 나무 높은 곳으로 올라갔을 것이다. 그곳에서 땅으로 내려가기보

백악기 후기에 살던 익룡 케찰코아틀루스. '날개를 가진 뱀'이라는 뜻으로, 크기는 11미터에서 13미터에 이르렀다.

다는 주변 나무로 뛰어가는 것이 훨씬 생존에 유리했을 것이다. 그래서 활강을 하게 되었고, 지금의 날다람쥐처럼 진화한 것으로 추측된다. 그러다 그중 일부가 동력비행을 하는 진정한 '날 것'이 된 것이다.

이 과정에서 다섯 번째 손가락이 퇴화되고 네 번째 손가락이 엄청나게 늘어났다. 그리고 그곳에서부터 뒷다리까지 비행막이 펼쳐졌다. 물론 손가락 자체가 굵어져서 비행막을 유지하는 데는 충분했다. 하지만 사람들은 처음에 익룡의 신체 구조를 보고 행글라이더처럼 활강만 할 뿐 동력비행은 하지 못했을 것이라 생각했다. 그래서 공룡 영화나 다큐멘터리를 보면 절벽에서 뛰어내려 날개를 쫙 펴고 바람을 따라 활강하는 모습만 그려지는 경우가 많았다. 그러나 다양한 화석이 발견되면서 익룡도 새 못지않게 잘 날았던 녀석들이란 사실이 밝혀졌다.

익룡은 새처럼 뼈 속이 비어 있고, 기낭이 뼈 안까지 들어가 있었다. 지금의 새처럼 가슴뼈에는 비행근육이 붙어 있는 용골돌기가 발달해 있었다. 비행에 필요한 근육을 조절하고 감각기관을 제어하기 위해 뇌도 커졌다. 용골돌기와 척추가 합쳐져 어깨뼈를 지지해주는 노타리움(notarium)이란 뼈가 되기도 했다. 머리 위엔 볏도 있었다. 지금의 닭보다 더 발달되었다. 처음에는 비행에 도움을 주는 용도였지만 공룡처럼 수컷의 경우 암컷을 유혹하는 용도로도 사용되었던 듯하다.

바다를 지배한 파충류는 시기에 따라 조금씩 다르다. 중생대는 크게 트라이아스기, 쥐라기, 백악기로 나뉘는데 각 시기마다 바다를 지배한 파충류들이 다르다. 가장 먼저 트라이아스기의 바다를 지배한 이들은 어룡(ichthyosaurus)이다. 이크티스(ichthys)는 그리스어로 물고기란 뜻이고, 사우르스(saurus)는 도마뱀이란 뜻이다. 2억 5천만 년 전에 나타나 9천만 년 전에 멸종됐다. 그림에서 알 수 있듯이 얼핏 보면 돌고래를 닮았다. 돌고래의 대표적인 특징은 머리 위에 난 콧구멍으로 숨을 내쉬는 것이다. 이 녀석도 마찬가지다. 입도 돌고래마냥 앞으로 튀어나오고 좁은 주둥이에 이빨이 촘촘히 나 있는 모습이 영락없는 돌고래다.

이들이 돌고래와 비슷한 외양을 가진 것은 비슷한 환경에서 살고 신체가 하는 역할도 비슷했기 때문이다. 이렇게 처음에는 완전히 다른 생물들이 비슷한 모습으로 진화하는 것을 수렴진화(收斂進化)라고 한다. 그러나 같은 것은 겉모습일 뿐, 이들은

어룡은 쥐라기부터 백악기에 걸쳐 바다에서 살았으며, 몸길이는 3미터에서 6미터 정도였다.

엄연한 파충류다. 그래서 돌고래처럼 새끼를 낳는 게 아니라 알을 낳았다. 다만, 알을 몸속에 보관해 부화한 다음 내놓았다. 그래서 거북이나 악어처럼 알을 낳으러 육지로 갈 필요가 없었다.

트라이아스기가 끝나갈 무렵 지구 전체의 생물들은 대멸종에 접어들게 된다. 당시는 지금의 대서양 중앙해령이 막 생겨날 무렵이었다. 거대한 규모의 화산 분출이 있었고, 산소 농도가 낮아져서 꽤 많은 생물들이 사라졌다. 이때 어룡도 대부분 사라져 버렸다. 그리고 새롭게 나타난 것이 수장룡 또는 장경룡이다. 이것들은 목이 기린보다 더 긴데, 아마 지구상에 등장한 동물 중 목이 가장 긴 생명체일 것이다. 그래서 긴 공룡이란 의미에서 수장룡, 목이 길다는 의미에서 장경룡이라 불린다. 서양에서는 플레시오사우루스(plesiosaurus)라고 한다. 사우루스에 그리스어로 '닮은 것'을 의미하는 플레시오스(plesios)를 붙여 '공룡 닮은 녀석'이란 뜻을 갖고 있다. 플레시오사우루스 입장에서는 성의 없는 이름이라고 실망할 듯하다. 게다가 처음 발견했을 때는 목이 엄청나게 길 것이라고 상상도 하지 못해서 목 부분을 꼬리라고 생각했다. 이 녀석은 영국 스코틀랜드 네스호에 출몰한다는 괴생물체의 원형으로도 잘 알려져 있다.

쥐라기가 끝나고 백악기가 되자 모사사우루스(mosasaurus)가 등장한다. 중생대 바다에서 가장 거친 놈이었다. 몸 전체 길이가 10미터 정도였고, 최대 18미터까지도 자랐다고 한다. 머리는 악어처럼 생겨서 앞니로 먹이를 깨물고 자르기에 적합한 모양이었다. 바닷속에서 움직이는 모든 물체를 사냥하고, 심지어 동족을 잡아먹기도 했던 아주 거친 녀석들이다. 그런데 사실 이들이야말로 중생대의 바다 파충류 중 현존하는 도마뱀과 가장 가까운 친척이기도 하다. 〈쥬라기 월드〉와 〈쥬라기 월드: 폴른 킹덤(Jurassic World: Fallen Kingdom, 2018)〉에도 출연했었다. 주연은 아니었지만 압도적인 모습으로 등장해 신스틸러의 역할을 톡톡히 수행했다. 〈쥬라기 월드〉 이후에 모사사우루스에 대한 검색과 피규어 판매가 급증했을 정도라고 한다. 하지만 실제로는 영화에서처럼 그렇게 커다란 존재는 아니었던 것으로 보인다. 물론 10~18미터도 작은 크기는 아니지만 영화에서는 거의 30미터 이상으로 과장되게 등장했었다.

### 우리 곁에 남은 마지막 공룡, 새

새가 하늘의 주인공이 된 것은 어찌 보면 의외의 결과다. 원래 어떤 영역이든 기존에 자리를 차지하고 있는 녀석들, 즉 기득권층이 유리하기 마련이다. 생물의 세계에서도 마찬가지다. 이미 환경에 완벽히 적응했을뿐더러 수도 많다. 아직 적응도 잘 못한 신참에게 웬만해서는 당하지도 않는다. 그러나 익룡과 새의 관계에선 그런 드문 일이 일어났다.

새는 어찌 보면 공룡의 왕국에서 하늘로 파견된 분견대일지도 모른다. 이들은 이미 선조인 공룡으로부터 강력한 무기 세 가지를 가지고 파견되었다. 구식 무기만 가지고 있던 신대륙을 휩쓴 제국주의의 파견대마냥 이들은 순식간에 하늘을 장악했다.

새들의 첫 번째 무기는 '온혈'이었다. 하늘을 난다는 것은 굉장히 많은 에너지를 소모하는 일이다. 따라서 가능하다면 기류를 이용해서 에너지를 보존할 필요가 있다. 아주 높은 하늘에서 솔개 한 마리가 날갯짓을 하지 않고 날개를 펼치고만 있다면 분명 기류를 이용해서 행글라이더처럼 활공하고 있는 중인 것이다. 활공할 때와 자기 힘으로 날 때의 에너지 차이는 엄청나다. 그리고 그런 차이는 체온의 급격한 변화를 낳을 수 있다. 날갯짓을 하며 에너지를 태울 때 발생하는 열기로 체온이 빠르게 올라갈 수 있기 때문이다. 따라서 외부 온도나 내부 변화에 대응해 체온을 일정하게 유지하는 시스템을 갖추는 것이 무엇보다 중요했다.

또한 새에게는 오랫동안 하늘을 맴돌 수 있는 지구력도 필요하다. 이 두 가지는 필연적으로 따뜻한 피가 있어야 가능하다. 즉, 체온을 일정하게 유지해줘야 한다. 새들은 공룡이었을 때부터 온혈이었다. 앞서 말했듯 최신 연구결과에서도 대부분의 공룡이 온혈이었을 것으로 추정하고 있다. 물론 온혈이라는 무기는 익룡도 가지고 있었다. 넓은 의미에서 같은 파충류인 익룡 또한 도마뱀이나 거북의 조상과는 달리 온혈이었던 것으로 밝혀졌다. 즉, 중생대의 땅과 하늘은 따뜻한 피를 가진 파충류가 차가운 피를 가진 파충류보다 우위에 있던 시기였다.

새들의 두 번째 무기는 '기낭'이다. 이 또한 공룡 조상으로부터 물려받은 것이다. 멀리 트라이아스기가 끝나갈 무렵 네 번째 대멸종이 있었다. 당시 대멸종의 최종적 요인은 산소 부족이었다. 생명의 조상들은 대멸종의 위기에서 살아남기 위해 참으로 어려운 진화의 과정을 거쳤다. 참고로 포유류는 대멸종의 시기를 거치면서 가슴과 배 사이에 가로막이 생겼다. 우리가 고깃집에서 즐겨 먹는 갈매기살이 바로 가로막살이란 이름에서 변형된 것이다. 가로막은 폐를 좀 더 수월하게, 그리고 크게 움직여 호흡의 효율을 높이는 역할을 한다.

반면, 새들의 조상은 폐와 연결된 공기주머니인 기낭을 몸안에 주렁주렁 달고 있다. 폐를 통과한 공기가 기낭까지 거쳐가는 동안 산소를 최대한 확보하려는 것이다. 공룡의 한 종류였던 새도 당연히 기낭을 가지게 되었다. 기낭은 새들이 하늘을 날도록 진화하면서 더욱 효율적으로 변했다. 새의 몸을 좀 더 가볍게 만들어 하늘을 나는 데 드는 에너지를 줄여주었다.

기낭은 온도조절에도 도움을 준다. 새가 날갯짓을 하는 동안 사용하는 에너지는 같은 무게의 포유동물이 뛰는 것에 비해 세 배가량 더 많다. 체온 또한 더 급격히 올라간다. 체온은 너무 내려가도 문제지만 너무 올라가도 문제다. 그런데 기낭 속을 돌아다니는 공기가 체온을 낮추는 역할을 한다. 따라서 날개짓을 할 때 새의 호흡이 빨라지고, 이에 따라 빠르게 유입된 외부의 찬 공기가 기낭을 통해 온몸의 열을 식히게 된다.

새들의 세 번째 무기는 깃털이다. 하늘을 나는 대부분의 생물들은 막으로 난다. 곤충은 아가미가 변해서 만들어진 표피막이 날개가 되었고, 익룡과 박쥐는 앞발과 뒷발 사이의 피부가 늘어나 막을 만들었다. 물론 이 막을 통해 열이 빠져나가지 못하도록 털로 덮여 있긴 하다. 그러나 새에게는 막이 없다. 오로지 깃털뿐이다. 그래서 닭날개를 먹을 때 보면 조그만 살덩이 하나밖에 발견할 수 없는 것이다.

새의 깃털은 하늘을 날기 훨씬 전에 공룡이 뛰어다닐 때 생긴 것이다. 중생대에 살면서 지금의 포유류와 비슷한 역할을 수행하던 공룡들은 큰 덩치를 유지하기 위해서 열심히 돌아다니며 사냥을 하거나 풀을 먹어야 했다. 이렇게 부지런히 움직이기 위해선 체온을 일정하게 유지하는 편이 훨씬 유리하다. 또 밤에 대기의 온도가 급격히 떨어질 때도 체온을 유지할 수 있으면 여러모로 이롭다. 생존의 가능성을 높이는 특징은 암컷에게 굉장한 매력이 된다. 그래서 처음 체온 유지를 위해 만들어졌던 깃털이 한편으로는 수컷끼리의 경쟁을 통해 화려하고 커다랗게 변한 것이다. 공작의 날개가 애초에는 날기 위한 것이었지만 지금은 다른 수컷보다 더 화려하게 보여 암컷으로 하여금 자신을 선택하도록 만들려고 하는 것으로 변한 일이나 똑같다. 즉, 깃털은 나무에서 활공을 하던 새의 선조에겐 훌륭한 도구였고, 진화를 거쳐 현재의 모습이 된 것이다.

깃털은 막에 비해 훨씬 가볍고 보온성도 뛰어나며, 비행에도 최적화된 선택이었다. 막은 한번 찢어지면 그 부위가 다시 아물 때까지 비행하기 힘들지만, 수많은 깃털로 이루어진 날개는 깃털 몇 개가 빠지더라도 나는 데 큰 문제가 없다. 좀 더 효율적으로 날기 위해선 몸통에 비해 날개의 길이와 폭이 넓은 것이 좋은데 이 경우에도 막보다는 깃털 쪽이 더 용이했다.

제아무리 더 일찍 하늘을 날았다고 해도 익룡은 이러한 세 가지 무기를 가지고 하늘 생활에 뛰어든 신참에게 상대도 되지 않았다. 그야말로 '쨉'도 안 되었던 것이다. 결국 새가 하늘의 왕이 될 수 있었던 것은 공룡의 일원들이 당연히 가지고 있던 특징들 때문이었다. 그리고 그 후 새들은 별다른 진화를 거치지 않았다. 즉, 아직도 공룡인 것이다.

### 신생대의 지배자 역시 공룡이었다

백악기 말 운석이 떨어지고 거의 모든 공룡이 멸망한 뒤 신생대가 열렸다. 신생대는 크게 제3기와 제4기로 나뉘고 제3기는 다시 고제3기와 신제3기 정도로 나뉜다. 즉, 중생대 바로 뒤를 잇는 신생대의 첫 시기는 고제3기다.

많은 이들이 신생대의 주역은 처음부터 포유류라고 착각하고 있다. 그렇지 않다. 중생대 내내 밤을 도와 벌레와 공룡이나 새의 알을 먹고, 죽은 시체를 뒤지던 포유류의 선조들은 종류를 막론하고 쥐나 토끼 정도 크기에 불과했다. 신생대가 되었어도 그 크기가 금방 커지지 않았다. 중생대 말의 대멸종 시기는 공룡뿐만 아니라 포유류도 함께 겪었으며, 주로 덩치가 큰 쪽에 속하는 녀석들이 더 많은 피해를 입었다. 결국 운석의 충돌로 인한 피해를 극복하고 신생대까지 살아남은 포유류의 조상은 종류를 막론하고 몸집이 아주 작은 것들뿐이었다.

단, 공룡의 일족이던 새는 꽤 많이 살아남았다. 날 수 있다는 것은 생존에 극히 유리한 조건이었고, 다른 동물들이 죽어나가던 시기에도 훗날을 도모하기에 족했다. 물론 모든 새들이 살아남은 것은 아니다. 중생대 말쯤 되자 하늘을 자기 구역으로 삼았던 두 무리, 새와 익룡 중에서 새가 승리를 확정지었다. 그러나 승리가 평화를 부르지 않고 또 다른 전쟁을 부른다는 것을 우리는 인간의 역사를 통해서 이미 알고 있다. 새들이 하늘을 장악하게 되자 또 다른 싸움이 벌어졌다. 부리에 이빨을 가진 새들과 이빨이 없는 새들이 서로 경쟁을 하게 된 것이다. 물론 싸움을 이끄는 지도자는 없었다. 모든 새들이 그저 스스로를 보호하고, 자신의 구역을 지키는 식으로 만인의 만인에 대한 투쟁을 벌였다. 그 와중에 대멸종 시기에 이르자 조그마한 차이가 둘 사이의 승패를 갈랐다. 부리에 이빨이 있던 새가 신생대로 이어지는 좁은 길을 건너지 못하고 거의 대부분 멸종한 것이다. 오직 부리에 이빨이 없는 새들만이 그 길을 건넜을 뿐이다.

그리고 드디어 신생대가 열렸다. 새들 중 일부는 하늘을 날 필요가 없어져 지상에 내려앉았다. 새들이 나는 이유는 크게 두 가지다. 천적을 피하는 것이 첫 번째고, 먹이를 구하는 것이 두 번째다. 둘 중 천적을 피하는 것이 더 긴요한 이유였다. 그래서 천적이 없는 곳에 사는 새들은 많은 에너지를 소비하는 행위인 날기를 그만두게 된다. 하늘을 날 필요가 없는데도 커다란 날개를 유지하고, 날개를 움직일 근육을 만드는 일은 불필요하다. 오늘날 태평양의 많은 섬들을 봐도 그렇다. 뉴질랜드에는 바닷새 말고는 하늘을 나는 새가 없다. 그 섬에 새를 잡아먹는 천적이 없기 때문이다. 다른 섬들도 마찬가지다. 바다의 먹이를 사냥하는 새들을 제외하고 육지에 기반을 잡은 새들은 여지없이 날개가 퇴화되어 날지 못한다. 하늘을 나는 것을 멈췄다는 표현이 더 정확할지도 모른다. 하늘을 날기를 포기하지 않았던 새들은 그만큼 에너지를 더 소비하게 되는데, 하늘을 날기를 포기한 새들은 그 에너지를 번식에 썼다. 그 결과로 날기를 포기한 새들의 자손이 계속 날아다니던 새들의 자손보다 많이 퍼지게 되어 현재의 결과로 이어졌다.

신생대가 막 시작될 무렵의 지구 상황도 그랬다. 새들 중 덩치가 좀 큰 무리들은 지상에서도 천적이 없었다. 현재로 치면 타조 정도일 것이다. 자신을 먹잇감으로 삼던 공룡은 사라졌고, 포유류는 앞서 말했듯이 아직까지는 조막만 한 무리일 뿐이다. 누가 그들을 사냥하겠는가? 더구나 덩치 큰 새들은 달리기도 잘했다. 물론 당시도 크기가 작은 새들은 날아다녔다. 덩치가 큰 새들이 바로 그들의 천적이었기 때문이다. 작은 새들은 덩치가 커서 날지는 못하지만 아주 빨리 달리는 천적들을 피해 열심히 날아다녀야 했다. 지금 우리가 보는 새들은 신생대 당시 크기가 아주 작았던 새들의 후손인 셈이다.

결국 신생대 초 대륙의 주인은 다시 공룡, 즉 새였다. 북미 대륙에선 키가 2.5미터나 되는 티타니스(titanis)라는 거대 육식 조류가 제왕이었다. 시속 65킬로미터의 속도를 낼 수 있었던 것으로 여겨지는데, 그 정도면 당시의 육상동물 중 티타니스로부터 벗어날 수 있는 생물은 없었다. 남미에선 공포새(terror bird)의 일종인 포루스라쿠스(phorusrhacus)가 군림했다. 이들 역시 키가 약 2.5미터에 달하고 부리가 60센티미터나 되는 무서운 녀석들이었다. 하지만 가장 강력하고 커다란 생물은 켈렌켄(kelenken)이었다. 이들은 3미터에 이르는 큰 키와 71센티미터의 거대한 부리를 가지고 사냥에 나섰다. 공룡은 사라졌지만 공룡의 후손 또는 공룡의 방계혈족쯤 되는 새들에 의해 신생대의 포유류들은 다시 숨죽이며 살아야 했다.

결국 포유류가 지상의 주인이 된 것은 신생대가 시작되고도 약 1천만 년 정도가 지난 뒤였다. 그리고 그 포유류의 최종 승자 중 하나인 인간은 한반도에서만 1인당 연 평균 20마리 정도의 공룡, 즉 치킨을 튀겨서 먹는다. 신생대 초 벌어졌던 일에 대한 보복이라고나 할까?

2

# 심바는 정말 초원의 왕이 되었을까?

**〈라이온 킹〉으로 보는 동물의 세계**

심바가 부른다.

하쿠나 마타타! 맞아, 내겐 지금
하쿠나 마타타! 이 말대로 살아야 해.

초원에는 초원의 법이 있는 법!
아직 어린 내가 할 수 있는 건 없지.
그저 자유롭게 즐겁게.

하쿠나 마타타, 하쿠나 마타타!
슬픔은 맘속 깊이 가두고

기쁨만 가득한 곳에 사네.

초원은 무섭지, 어린 나에겐.

사자라도 덤벼드는 무리들 너무 많아.

아직은 숨어 있을 때, 그러나 기분만이라도

하쿠나 마타타, 하쿠나 마타타!

멧돼지와 미어캣, 우리의 우정은 어디까지일까?

초원에선 우정도 금방 사라지지.

그러나 내가 걱정할 일은 아닌걸.

그러니 하쿠나 마타타, 하쿠나 마타타!

내가 할 수 없는 일엔 걱정도 필요 없지.

**초원에서는 뭉쳐야 산다**

다음 페이지에 있는 아프리카 사바나 초원의 사진을 보라. 누(gnu) 떼가 한가롭게 풀을 뜯어먹고 있다. 옆에는 얼룩말 떼도 있다. 이들은 서로 아주 친한가 보다. 그런데 초원에 있는 동물들의 사진을 보면 코끼리도, 누도, 사슴도 모두 떼를 지어 있다. 한두 마리 홀로 있는 법이 없다. 이들을 사냥하는 사자나 하

누는 이동 시기에는 수만 마리의 무리를 이루고, 보통 때는 20~50마리씩 떼를 짓는다.

이에나도 마찬가지다. 모두 떼를 지어 다닌다. 물론 예외는 있는 법이어서 치타의 경우에는 단독생활을 한다. 그 덕분에 사실 멸종 직전 단계까지 오기도 했지만.

왜 초원에선 모두 무리를 짓고 있는 걸까? 초원은 개방된 공간이기 때문이다. 우선 초식동물부터 살펴보도록 하자. 초식동물은 초원보다는 나무가 많은 숲을 더 선호한다. 풀보다 소화가 잘되는 나뭇잎을 마음껏 먹을 수 있기 때문이다. 하지만 숲에도 단점은 있다. 나뭇잎들이 해를 가리는 바람에 어둡고 은밀하다는 점이다. 만약 사냥꾼이 나뭇가지 위나 나뭇잎이 우거진 곳에 있으면 눈에 쉽게 띄질 않는다. 물이 귀하다는 단점도 있다. 사냥꾼 동물들은 연못이나 호수, 계곡처럼 초식동물들이 다니는 길목을 지키며 숨어 있곤 한다. 그래서 초식동물들이라면 되도록 물가를 피하려고 한다. 물 대신 나뭇잎에 있는 수분으로 버티기도 한다. 정말 예외적인 경우에 한해서 조심스레 물가로 간다. 하지만 숲은 조금만 조심하면 먹을거리 걱정을 하지 않아도 되는 곳이기 때문에 초식동물들에게는 좋은 은신처이자 식량공급 장소다. 물론 겨울이 되면 사정이 달라진다.

그런데 기후라는 것이 초식동물 마음대로 되는 것이 아니다. 아프리카의 초원지대도 처음엔 나무가 울창한 열대우림이었다. 그러나 아프리카 대륙이 북쪽으로 이동하면서 기후가 바뀌었다. 숲은 줄어들고 초원이 늘어났다. 기후의 변화에 따라 삶의 터전을 옮겨야 했던 동물들도 적응을 했다. 가장 먼저 무리를 짓기 시작했다. 어린 새끼를 보호하기 위해서다.

초원은 사방이 개방된 곳이다. 어미가 새끼를 데리고 숨을 만한 곳이 마땅히 없다. 보통 사냥꾼들은 잡기 어려운 어미보다 느리고 약한 새끼를 노린다. 사자도 하이에나도 치타도 마찬가지다. 어미 혼자서 여러 새끼를 보호하는 것은 불가능하다. 그래서 초원에서는 어미들끼리 뭉친다. 천적들이 다가오면 모여서 도망을 친다. 물론 그 과정에서 손실이 전혀 없을 순 없다. 그래도 여럿이 뭉치면 혼자일 때보다 훨씬 덜 위험한 법. 코끼리나 얼룩말처럼 덩치가 큰 동물들은 도망만 치는 게 아니라 무리를 지어 커다란 원을 만들기도 한다. 어린 새끼를 가운데에 두고 어른들이 원형으로 둘러서서 바깥을 보고 경계를 하는 것이다. 그러면 사자도 하이에나도 함부로 덤빌 수 없다. 얼룩말의 뒷발에 맞거나, 코끼리의 상아에 찔리면 부상을 입어 심하면 죽을 수도 있기 때문이다.

같은 종끼리 무리를 짓기도 하지만, 여러 종이 함께 무리를 이루기도 한다. 그러면 훨씬 효율적으로 서로를 지킬 수 있다. 새들은 높이 날면서 멀리서 사냥꾼들이 다가오는 걸 확인한다. 나무 위의 원숭이도 마찬가지다. 사냥꾼이 다가오면 서로 소리를 지른다. 그리고 사자나 하이에나가 다가오면 덩치 큰 녀석들이 나서서 담을 쌓고 막는다. 초원에서는 이렇게 초식동물들 간에 일종의 연대가 싹트기도 한다. 서로 먹이가 조금씩 달라서 가능한 일이다. 코끼리와 기린은 주로 초원에 듬성듬성 난 나무를 먹고, 얼룩말은 풀을 먹는다. 원숭이와 새는 과일과 꿀, 벌레를 먹는다. 이처럼 먹이를 나누고, 안전을 공유하는 것이 초식동물들이 초원에서 살아가는 방식이다.

한편 사냥꾼들도 전략을 바꾸곤 한다. 숲에 사는 호랑이나 표범은 홀로 사냥을 다닌다. 주로 초식동물들이 자주 다니는 길목의 어두운 그늘에 숨어 있다가 사냥감이 나타나면 잽싸게 덮치는 사냥법을 쓴다. 아주 가끔 추운 겨울에는 사냥감을 쫓아 멀리 추격하기도 하지만, 그만큼 성공할 확률도 적다. 그런데 초원에서는 상황이 다르다. 자신을 가려줄 그늘도 나뭇잎도 없다. 최대한 자세를 낮추고 맞바람을 맞으면서 조심스레 다가가도 이

내 발각되고 만다. 때로는 사냥 상대가 무리를 지어 덤벼들기도 한다. 결국 사냥꾼들도 무리를 지을 수밖에 없다.

원래 고양잇과 동물들은 대부분 혼자 다니는 걸 좋아한다. 숲이라는 환경에 적응한 결과다. 같은 고양잇과 동물이어도 사자는 호랑이, 표범, 퓨마 등과는 달리 〈라이온 킹(The Lion King, 1994)〉에서처럼 무리를 짓는다. 초원에서 오랜 기간 살다 보니 생긴 진화의 결과다. 무리를 지어 사냥하는 사자들은 주로 암사자들이다. 수사자들이 하는 일이라곤 다른 수사자 무리들이 영역을 넘볼 때 자기들끼리 싸우는 것이 대부분이다. 수사자가 암사자보다 덩치가 더 크고 싸움을 잘하는 것도 바로 동종 간의 경쟁 때문이다. 암사자들은 떼를 지어 사냥을 하고, 사냥감도 대부분 자기들보다 약하기 때문에 싸움을 아주 잘할 필요는 없다. 반면 수사자들은 같은 수사자 무리와 싸워야 하니 자연히 서로 경쟁을 하느라 덩치가 커지고 싸움도 잘하게 된 것이다. 그 큰 덩치를 가지고 암사자와 같이 사냥하는 걸 도우면 얼마나 좋겠느냐마는, 특별한 경우가 아니면 그냥 늘어지게 자는 게 수사자들의 일이다. 사자도 하이에나도 모두 무리를 지어 사냥을 하는데, 이것은 초원을 활동 무대로 삼는 포식동물의 숙명인 것이다.

### 사자는 지배하지 않는다

만약 〈라이온 킹〉의 주 무대가 아프리카 초원이 아니라 숲이었다면 이야기 전개가 좀 많이 달랐을 것이다. 그런데 사실 나는 영화를 보면서 불만스런 점들이 조금 있었다. 왜 꼭 사자가 왕이어야 하는가? 뭐 〈라이온 킹〉만 그런 건 아니다. 대부분 동물을 의인화한 동화나 민담을 보면 숲에서는 호랑이가 왕이고, 초원에선 사자가 왕으로 그려진다. 아마 사자나 호랑이가 가장 힘이 세다고 생각하니 그런 것이겠지만 사실 힘은 코끼리가 더 세고, 불곰이 더 세다. 또 숲에선 고릴라만 한 동물이 없다. 하지만 알고 있는가. 동물은 '지배'하지 않는다는 사실을. 또 지배당하지도 않는다. 각기 자기 할 일만 할 뿐이다.

여러 생물들이 얽혀 사는 생태계에선 모든 생물들이 자기 나름대로의 역할을 한다. 풀과 나무는 광합성을 해서 양분을 만들고 저장한다. 초식동물은 식물을 먹고 산다. 초식동물을 잡아먹고 사는 육식동물도 있다. 그리고 동물들 몸 안에서 기생하는 기생생물들이 있다. 이런 생물들이 죽으면 사체를 분해해서 먹고사는 생물들도 있다. 사자가 정말 왕이라서 초원을 지배한다면 나머지 동물들을 부려서 먹을 것을 갖다 바치게 하겠지만 사자는 직접 사냥을 한다. 사실 누군가를 지배하고 지배당하는 것은 지구에서 오직 '인간'만이 자행하는 야만적 행위다. 자기 삶에 열심인 동물들에게 이런 오해와 억견을 덮어씌우면 동물들이 좀 억울하지 않을까?

더구나 사자나 호랑이는 누구를 지배하며 살기보다 한가로

〈라이온 킹〉의 심바는 고생 끝에 왕좌에 오른다. 하지만 정말 사자가 초원을 지배하는 왕일까?

이 노는 것을 더 좋아한다. 새끼일 때는 새끼 고양이들과 마찬가지로 번잡스럽게 놀지만 어른이 되면 늘어지게 자는 걸 제일 좋아한다. 적어도 하루에 12시간 이상을 자는 데 소비한다. 사냥은 하루의 나머지 시간 중 한 번 정도다. 짧으면 한두 시간, 길어도 서너 시간을 넘지 않는다. 나머지 시간에는 자기들끼리 놀거나 아니면 그늘에 누워 졸다 깨다 할 뿐이다. 그때는 옆으로 새끼 사슴이 지나가도 쳐다보지 않는다. 이미 배가 불러서 시비를 걸지도 않는다. 지배하기엔 너무 게으른 성격이다. 호랑이도 마찬가지다. 하루에 한 번 제대로 먹이를 먹고 나면, 나머지 시간에는 그저 쉬면서 자고 놀며 지낸다. 생태계에서 자기가 맡은 역할을 다했으니 나머지 시간에는 놀겠다는 것이다. 그러고 보면 누구를 지배하는 일 따위는 인간에게나 흥미로운 일인 듯하다.

물론 사자 사이에 다툼이 없진 않다. 〈라이온 킹〉에 나오는 것처럼 수사자끼리 싸움이 꽤 자주 일어난다. 사자들의 무리를 프라이드(pride)라고 하는데, 보통 암사자 대여섯 마리와 그 자식들로 구성된다. 그리고 아버지 격인 수사자 몇 마리가 있다. 수사자들에게는 자기 무리의 암사자들을 차지하러 오는 다른 수사자가 가장 큰 적이다. 자기 구역에 다른 수사자들이 어슬렁거리기라도 하면 만사를 제쳐두고 싸우러 간다. 보통은 서로 몇 번 으르렁거리다 낯선 사자들이 물러나는 것으로 끝나지만, 무리의 수사자가 조금 노쇠하고 침입한 수사자가 힘이 세면 싸움이 꽤 심각해진다. 물론 그 경우도 죽는 일은 별로 없고 한쪽이 물러나게 마련이다. 이긴 쪽도 진 녀석이 구역 밖으로만 나가면 신경 쓰지 않는다. 영화처럼 목숨을 앗아가는 것은 거의 볼 수 없다. 물론 싸우다가 난 상처가 덧나거나, 상처 때문에 사냥을 못 해 굶다가 나중에 죽는 경우가 더러 있기는 하다.

하이에나에 대한 묘사에도 불만이 좀 있다. 물론 영화니까 넘겨버릴 수도 있지만, 하이에나에 투사된 인간의 고정관념에 기댄 느낌이라서 오해를 좀 풀고 싶다. 하이에나는 보통 청소부 동물로 알려져 있다. 평소 사자 같은 포식동물이 사냥하고서 먹다 남은 것을 먹어치운다는 것이다. 물론 맞는 말이다. 하이에나는 사자나 치타가 사냥한 녀석들을 먹어치운다. 사자들이 맛난 살코기나 내장을 다 먹고 나서 남은 것들을 하이에나들이 먹어치우고, 간혹 표범이나 치타를 위협하며 쫓아가서 사냥한 고기를 차지하기도 한다. 하이에나와 죽은 고기를 두고 다투는 것은 역시 청소부 동물로 알려진 독수리다.

이렇게 다른 동물이 먹다 남은 걸 먹어치운다는 점, 인간의 눈에 썩 예뻐 보이지 않는 외모를 가졌다는 점, 게다가 울음소리도 듣기 좋지 않고 여럿이 몰려다니면서 인간에게도 위협이 된다는 점 때문에 우리 인간이 하이에나에게 나쁜 인상을 갖고 있는 것이 사실이다. 그러나 사실 사자나 치타의 경우, 며칠 동안 사냥을 못 해 굶주리지 않았다면, 원래 자신이 잡은 동물을 앉은 자리에서 다 먹어치우진 않는다. 배에 다 들어가지도 않는다. 그래서 가장 영양분이 높은 부위를 주로 먹고, 새끼들에게 나눠줄 먹이를 따로 챙겨서 자리를 떠난다. 그러면 남는 부위는 뼈와 뼈 주위에 붙어 있는 살, 껍질, 살이 별로 없는 발끝 부위들뿐이다. 하이에나와 독수리가 주로 먹는 부위들이기도 하다. 특히 하이에나는 강력한 이빨로 뼈도 부숴 먹을 정도다. 또 위장이 아주 튼실해서 먹이가 살짝 상했더라도 웬만해선 탈이 나지 않는다. 만약 이들이 없으면 초원은 온통 시체더미로 산을 이룰 것이다. 이들이 착실히 잔반을 처리해주기 때문에 초원이 건강하게 유지된다고 볼 수 있다.

그런데 〈라이온 킹〉에서는 하이에나가 사자보다 굉장히 작은 동물로 묘사된다. 실제로는 늑대보다 더 크다. 다 자라면 표범과 비슷해지기도 한다. 게다가 청소부 역할만 하는 것이 아니라 사냥도 한다. 오히려 하이에나가 사냥한 동물을 사자들이 뺏어 먹는 경우도 많다. 사실 아프리카 초원에서 가장 날강도 같은 짓을 하는 녀석은 사자다. 덩치도 크고 싸움도 잘해서 종종 깡패 역할을 아주 잘한다. 하이에나, 표범, 치타가 사냥에 성공하면 슬슬 접근해서 으르렁거리며 먹이를 내놓으라고도 한다. 초원에 동네 경찰이 있는 것도 아니니 그러면 대부분 꼬리를 감추고 피해버린다. 하이에나는 사자가 먹고 남은 거라도 주워 먹지만, 표범이나 치타는 그냥 포기하고 다시 사냥을 한다.

사자와는 달리 모계사회로 살아가는 하이에나는 수컷보다 암컷의 덩치가 더 크다. 서열도 암컷이 위다. 당연히 사냥도 암컷들이 주도한다. 하이에나는 늑대와 비슷하게 생겼지만 사실 고양이아목에 속하는 동물이다. 고양이아목의 하이에나과로 사향고양이나 몽구스에 가깝다. 개나 늑대와는 아주 먼 사이다. 무엇보다 〈라이온 킹〉에 나오는 것처럼 음모나 꾸미고 기회나 노리는 짐승은 아니란 것을 밝히고 싶다.

### 영장류, 숲속에 사회를 이루다

숲이라고 같이 모여 사는 동물이 아예 없는 것은 아니다. 대표적인 군집동물이 영장류다. 그중에서도 인간과 가장 가까운 무리는 아프리카의 열대우림에 사는 침팬지다. 그 친척인 보노보도 있다. 침팬지와 아주 흡사하게 생겼고 크기는 조금 작다. 이들과 인간의 공동 조상은 약 400만 년쯤 전에 양쪽으로 갈려 나갔다. 그 전까지는 인간과 침팬지는 같은 무리였다.

침팬지나 보노보 다음으로 인간과 가까운 동물은 고릴라다. 이들과 인간, 침팬지의 공동 조상은 약 700만 년 전에 갈린 것으로 추정된다. 몇 백만 년이라고 하면 아주 오래된 것처럼 느껴지지만 지구의 45억 년 역사에서 보면 아주 짧은 순간일 뿐이다. 어찌 되었든 이들은 열대우림에서 무리를 이루며 살았고, 지금도 그곳에서 살고 있다.

이들과 인간이 공유하는 특징을 몇 가지 살펴보자. 먼저 영장류와 인간은 모두 사물의 색을 세 가지 종류의 시각세포로 파악한다. 다른 포유류의 경우 대부분 두 가지 종류의 시각세포를 가지고 있다. 개, 고양이, 사자, 양, 염소, 말 등은 모두 두 가지의 시각세포만 가지고 있다. 그래서 영장류와 인간은 더 다양한 종류의 색을 구분할 수 있다. 왜 이렇게 진화한 것일까? 바로 먹이 때문이다. 이들은 열대우림의 우거진 나무에서 다양한 열매를 먹으며 산다. 때때로 사냥도 하지만 주로 열매와 꽃의 꿀, 그 외 벌레들을 먹는다. 열매와 꽃을 잘 구분해 파악하는 것이 이들의 핵심적인 경쟁력 중 하나다. 잎의 녹색과 열매나 꽃의 다른 색을 구분할 수 있도록 진화한 것이다. 영장류와 인간 외에 세 가지 시각세포를 가진 동물로는 곤충과 새들이 있다. 이들 역시 꽃과 열매를 주된 먹이로 먹으며 살아간다.

두 번째는 눈의 방향이다. 초식동물의 눈은 양옆으로 많이 벌어져 있다. 소, 양, 말 할 것 없이 모두 마찬가지다. 자신을 사냥하기 위해 천적이 어느 방향에서 나타날지 모르니 최대한 넓은 범위를 보기 위해 눈이 양쪽으로 벌어진 것이다. 반대로 육식동물의 눈은 둘 다 앞을 향하고 있다. 두 눈이 같은 방향을 향하면 시야는 좁아지지만 대신 거리 감각이 생긴다. 사냥감을 발견했을 때 자신과의 거리를 알아야 사냥하기 쉽다. 그런데 영장류는 육식동물이라고 보기 어렵지만, 두 눈이 앞을 향해 있다. 숲에서 나무를 타려면 무엇보다 거리감각이 중요하기 때문이다. 그래서 시야를 좁히는 대신 거리감각을 키우는 방향으로 진화한 것이다.

또 하나의 공통점은 엄지다. 다른 동물의 엄지손가락 또는 엄지발가락은 나머지 손가락이나 발가락과 같은 방향이다. 오직 영장류의 엄지만 반대 방향이다. 엄지와 나머지 손가락 또는 발가락이 반대 방향이면 무언가를 잡을 수 있다. 숲에서 영장류들이 나뭇가지와 가지 사이를 이동할 때 보면 휘어진 엄지 덕분에 가지를 더 잘 잡는다는 것을 확인할 수 있다. 침팬지가 나뭇가지를 이용해서 개미굴을 휘저어 개미를 먹는 모습을 볼 수 있는데, 이것도 휘어진 엄지 때문에 가능한 것이다.

가장 중요한 마지막 공통점은 무리를 이루어 산다는 것이다. 열대우림에서 사는 침팬지나 다른 영장류에게 가장 위험한 천적은 표범이다. 하지만 표범조차도 무리를 이루고 있는 영장류에겐 함부로 덤벼들지 못한다. 외따로 떨어져 있는 새끼나 늙은 영장류를 사냥할 뿐이다. 그마저도 다른 먹잇감이 없을 때가 대부분이다.

영장류가 무리를 이루고 있는 한 숲속에선 안전하게 살 수 있다. 무리를 지어 안전을 보장받은 영장류가 생존과 번식을 위해 가장 신경 써야 할 것은 무엇이었을까? 바로 무리 속에서 자신이 어떤 위치를 차지하는가다. 물론 덩치가 크고 힘이 세면 무리 중 높은 서열을 차지할 가능성이 높지만 무조건 힘만 세다고 되는 것은 아니다. 우두머리는 무리를 말썽 없이 잘 이끌고, 분쟁을 조정하고, 다른 무리와의 영역 다툼에서 이기는 등의 다양한 활동에 대한 능력을 갖고 있어야 한다.

이것은 우두머리가 아니어도 마찬가지다. 침팬지나 보노보, 고릴라 같은 영장류 사이에서는, 우두머리가 아니더라도 무리 내에 잘 섞여서 다른 녀석들과 좋은 관계를 유지하는 녀석들의 생존 확률과 번식률이 높다. 무리에서 배제되고 따돌림 당해서는 살아남기가 힘들다. 물론 자손을 남기기도 힘들기는 마찬가지다. 그래서 이들은 어려서부터 무리 내에서 자신의 위치를 정확히 확인하고 서열이 높은 녀석들에게 처신하는 법 등의 사회적 관계를 학습한다. 다른 녀석들의 털을 고르고, 먹이를 나누고, 공동으로 사냥을 하고, 평소에 장난을 치는 행동 등을 통해 친밀감을 높인다. 바로 이런 것들이 인간과 영장류의 공통점이다. 그리고 이런 것들은 인류가 우림을 벗어나 초원에 섰을 때 살아남을 수 있는 기반이 되었다.

3

# 엑스맨은 어떻게 돌연변이가 되었을까?

## 〈엑스맨〉으로 보는 생물의 진화

자비에: 매그니토, 다시 한번 생각을 돌릴 순 없겠나? 우린 너무 소수야. 자네 말대로 우리가 세상을 지배한다고 치자고. 몇 명이나 되겠나. 전 세계를 다 따져도 백 명도 채 되지 않아. 이 인원으로 어떻게 저들을 다스릴 수 있단 말인가?

매그니토: 자비에, 자네의 말은 형용모순이야. 우리가 아니라도 세계를 지배하는 자는 항상 소수였어. 미국을 몇 명이 지배한다고 생각하나? 영국은, 또 프랑스는? 원래 세상은 소수가 지배하는 법이야. 그 소수로부터 단물을 빨며, 수족을 자처하는 자는 널리고 널렸네. 지금 내가 인간을 모두 멸종시키려는 줄 아나? 천만의 말씀. 우린 겨우 도시 몇 개 정도만 지도에서 지울 거라네. 그리고 우리만큼이나 소수인 지배층만 없애는 거야. 그 정도면 충분해. 백악관의 모두를 죽일 거라

고 생각하나? 아닐세, 죽을 이들은 백 명도 안 돼. 나머진 우리가 백악관을 접수하면, 이전처럼 일을 하게 된다네. 다만 고용주가 바뀔 뿐이지.

자비에: 자네 말이 맞다고 쳐도, 매그니토, 그런다고 우리가 행복할 성 싶나? 우린 여전히 불행할 것이네. 수십 억의 인간을 적으로 두고 어떻게 행복할 수 있겠나?

매그니토: 자네는 아직도 행복을 믿나? 나는 이미 행복이란 걸 믿지 않네. 내게 남아 있는 건 저들에 대한 복수, 그리고 동족의 생존뿐. 자네 말대로 저들은 수십 억 명이야. 우리가 지배하지 않으면 끊임없이 목숨이 위험할 뿐이지. 스파르타의 지배자들이 왜 수십 년 동안 딱딱한 나무 침상에서 군복을 벗지 못하고 있었을까? 적들 때문에? 아테네 때문에? 아니지, 자신들이 지배하는 노예들이 일으킬 반란이 무서워서야. 나도 행복하지 않을 걸 알아. 그러나 그 길을 갈 수밖에 없다네. 우린 스파르타가 될 거야.

자비에: 제발, 그런 파괴적 생각은 버려, 자네는 왜….

매그니토: 자비에 교수, 당신도 나도 아는 사실이 하나 있지. 모든 인간은 사실 돌연변이야. 정도의 차이가 있을 뿐이잖아. 저기 국회에서 우릴 죽이기 위해 안간힘을 쓰는 로버트 캘리도 아마 최소한 백 가지 이상의 돌연변이를 가지고 있을걸. 돌연변이야말로 저들 인간이 인간이게끔 해줬다는 걸 저들이 이해나 하는지 모르겠네. 돌연변이가 아니었으면 아직도 숲속에서 과일이나 따 먹었을 원숭이 주제에

말이야. 아니지, 아직 육지로 올라오지도 못한 채 아가미로 숨 쉬는 생선 나부랭이였을걸.

### 우리는 모두 돌연변이다

봉준호 감독의 영화 〈괴물(2006)〉은 용산 미군기지에서 몰래 버린 독극물 때문에 한강에 살던 생물이 돌연변이를 일으켜 벌어지는 사건을 그린 이야기다. 봉준호 감독이 넷플릭스와 손잡고 만든 영화 〈옥자(2017)〉도 유전자 조작을 통한 돌연변이 돼지가 주인공이다. 돌연변이를 소재로 가장 유명한 것은 마블 코믹스를 원작으로 한 〈엑스맨(X-Men)〉 시리즈일 것이다.

이런 영화의 등장 전에도 우리는 일상생활에서 평범하지 않고 남들보다 튀는 외모를 가졌거나 다른 행동을 하는 사람을 돌연변이라고 불렀다. 그런데 과연 돌연변이는 이렇게 영화화될 정도로 드문 것일까? 과학은 결코 그렇지 않다고 말한다.

생명이 탄생하는 시점부터 생각해보자. 인간은 난자와 정자가 만나 만들어진다. 예수를 제외하면 인류가 지구에 나타난 이래 단 한 번도 예외가 없었다. 따라서 인간 생성의 전제 조건은 난자와 정자다. 사람의 염색체는 46개이고, 정자와 난자는 그 절반인 23개씩 가지고 있다. 정자는 정소에서, 난자는 난소에서 만들어진다.

그런데 우리 몸에서 매일 돌연변이 세포를 만들게 된다는 사실을 알고 있는가. 성인의 세포는 약 30조 개 정도 된다. 그중 극히 일부는 매일 DNA가 파괴되거나 왜곡되는 돌연변이를 겪게 된다고 한다. 이유는 다양하다. 태양에서 쏟아져 나오는 감마선이나 우리가 섭취한 음식물 때문에 돌연변이가 나타나기도 한다. 또 우리가 호흡할 때 들이마시는 외부 공기에 있는 물질 때문에 나타나기도 하고, 면역 반응 과정에서 나타나기도 한다. 대부분의 돌연변이 세포는 주변의 면역세포에 의해 사라지고 대체된다. 때로는 대체되지 않고, 사라지지도 않은 채 암세포가 되기도 하고, 종양이 되기도 한다. 정소나 난소에서 이런 현상이 나타나기도 하는데, 이런 경우 돌연변이가 유전정보가 되어 자식에게 대물림된다.

생식세포를 만드는 과정에서도 필연적이고 확률적으로 돌연변이가 생긴다. 생식세포가 만들어지려면 원래의 세포가 두 번의 분열을 거쳐야 한다. 사실 이 과정이 엄청나게 복잡하다. 여러분도 꼬인 실을 풀어보려다 잘 되지 않아서 그냥 가위로 잘라버린 적이 있을 것이다. 알렉산더 대왕은 고르디우스의 매듭을 칼로 잘라버렸다. 신화에서는 과감한 결단의 모습으로 그려졌지만, 실제로는 아무도 풀지 못할 매듭을 눈앞에 두고 급한 성질에 답답하고 열 받아서 그랬을 거라고 생각한다. 그런데 DNA 사슬은 실과는 비교가 안 될 정도로 가늘 뿐만 아니라 엄청나게 길기도 하다. 두께가 10나노미터인데 세포 하나에 포함된 DNA의

〈엑스맨〉의 돌연변이는 다른 영화들과는
달리 방사능 노출이나 유전자 조작이 아닌
자연적 발생으로 생겨났다.

총 길이는 1미터쯤 된다. 겨우 1미터라고 생각할 수 있지만, 세포 하나에 들어 있다는 게 함정이다. 세포 하나의 지름은 대략 10~20마이크로미터, 즉 1,000분의 1밀리미터다. 게다가 DNA가 들어 있는 세포핵은 세포의 절반 정도에 불과하다. 여기에 1미터 길이의 DNA가 몽땅 들어가려면 특별한 방법이 있어야 한다. 그래서 둘둘 말고 다시 차곡차곡 포개서 보관한다. 이걸 풀어서 0.3나노미터 길이의 염기를 한 땀 한 땀 복제한다. 세포분열을 하려면 시간이 넉넉한 것도 아니어서 후다닥 해치워야 한다. 이렇게 복제해야 하는 염기가 30억 개 정도 된다. 그러다 보니 에러가 생길 수밖에 없다.

공장에서 제품을 만들 때도 불량품이 생기곤 한다. 똑같은 공정에서 똑같은 재료로 만드는데도 어쩔 수 없다. 세포에서의 DNA 복제도 마찬가지다. 여러 가지 사정에 의해 여기저기 잘못된 부분이 생긴다. 물론 몇 백만 개당 하나 정도의 불량이지만 애초에 DNA 염기가 몇 십억 개이니 전체로 따지면 확률이 꽤 높은 편이다.

여기서 끝이 아니다. 이렇게 두 배로 불어난 DNA 사슬, 즉 염색사를 반으로 나눈 뒤, 다시 또 반으로 쪼개야 한다. 이 과정에서도 착오가 생긴다. 예를 들어보자. 종이를 반으로 접고, 접힌 부위를 날카롭게 손톱 끝으로 몇 번 문지르고, 칼로 조심스레 잘라 최소한 몇 십 개를 자른다고 생각해보라. 그중 한두 개는 반듯하게 잘리지 않을 것이다. DNA사슬도 마찬가지다. 한쪽에 더 붙기도 하고, 다른 쪽에 덜 붙기도 한다. 그렇게 만들어진 난자와 정자는 원본과 조금씩 다른 부분이 생기게 된다. 이상이 생겼다고 해도 착상을 하는 데에는 지장이 없다. 일단 난자와 정자가 만나서 두 세포의 핵이 합쳐지면 수정란이 된다. 그렇게 수정란에는 부모와 다른 유전자 정보가 몇 백 개 정도 포함된다. 이를 우리는 돌연변이라고 한다.

물론 돌연변이가 생기는 원인은 여기에 그치지 않는다. 수정란이 세포분열을 해서 여러 개의 세포가 되는 과정에서도 불량이 생긴다. 어머니의 자궁 안에서 수정란이 하나의 개체, 즉 신생아가 될 때까지 겪는 과정에서도 여러 조건에 의해 돌연변이가 만들어진다. 그래서 완전히 똑같아야 하는 일란성 쌍둥이도 아주 자세히 들여다보면 미묘하게 다른 점을 찾을 수 있다. 돌연변이의 정도가 아주 심하면 출산 전에 소멸되기도 하고 사산되기도 한다. 간혹 장애를 가지고 태어나기도 한다. 결국 정도의 차이만 있을 뿐 우리는 모두 돌연변이라 할 수 있다.

### 진화의 또 다른 이름, 돌연변이

중생대 내내 포유류는 밤짐승으로 살았다. 공룡들이 모두 잠든 밤이 되어서야 둥지 밖으로 나와 잽싸게 벌레나 과일, 알을 먹어치우고 둥지로 돌아갔다. 낮에는 공룡과 익룡의 등쌀에 밖으로 나오질 못했다(설마 공룡이 모두 티라노사우루스처럼 거대하고, 익룡은 모두 알바트로스 버금가게 크다고 생각하지는 않을 것이다. 그때나 지금이나 대부분 인간보다 약간 작은 크기의 육식 동물들이 세상에 주름잡고 있었다). 그런데 운석이 공룡을 멸종시킨 후 포유류는 새로운 세상을 맞이한다. 숲과 초원의 낮 시간을 마음껏 즐길 수 있게 된 것이다.

앞서 영장류와 인간이 색을 구분한다고 설명했다. 하지만 공룡이 사라지고 포유류들이 낮 시간을 차지하자마자 색을 지금처럼 잘 구분하게 된 건 아니었다. 사실 중생대에 살던 우리의 선조들은 거의 색맹에 가까운 존재였다. 원래 색을 구분할 수 있는 시세포는 딱 두 종류뿐이었다. 빨간색 부근을 가장 잘 보는 적원추세포, 푸른색 부근을 가장 잘 보는 청원추세포다.

그동안은 색을 구분하지 않아도 먹고사는 데 지장이 없으니 굳이 비싼 비용을 들여가며 진화할 필요가 없었다. 그리고 일부는 여전히 어둠 속에서 살기도 했다. 그런데 원숭이 중 일부가 색을 구분할 수 있게 된다. 아주 간단한 돌연변이가 시작된 것이다.

적원추세포 중 일부의 세포에서 녹색 부근을 더 잘 볼 수 있는 돌연변이가 생겼다. 원래는 돌연변이가 생기면 별다른 필요도 없고 오히려 붉은색을 보는 데 방해가 되는 부작용이 있어 금세 사라지지만, 적원추세포에 일어난 돌연변이는 꽤 괜찮은 효용이 있었다. 바로 꽃과 열매를 나뭇잎과 구분할 수 있게 되었기 때문이다. 우거진 숲속에서 고열량의 먹이인 꿀과 과일은 원숭이들에게 아주 멋진 음식이었다. 그걸 구분할 수 있는 돌연변이가 생겼으니 얼마나 편리했을까?

또 다른 돌연변이는 털이 가늘어지는 것이었다. 숲속에서 초원으로 나온 인간의 선조는 먹이를 찾아 열대의 뜨거운 태양빛을 맞으며 하루 종일 돌아다녀야 했다. 더위로 인해 체온이 올라가면 탈진해 쓰러져 죽을 수도 있다. 그렇다고 움직이지 않고 가만히 있어도 누가 음식을 주는 것이 아니니, 목숨 걸고 땡볕 아래를 걷고 뛰어야 했다. 그러던 인간의 선조 중 일부가 가는 털을 가진 돌연변이로 태어났다.

물론 숲속에서 살 때에도 그런 돌연변이는 간간히 있었지만 숲에선 가는 털이 오히려 문제였다. 그늘진 곳에서는 체온을 떨어뜨리기보다 보호해야 하는 쪽으로 적응을 해야 했기 때문이다. 그러나 초원이라면 문제가 달랐다. 털이 가는 돌연변이는 신이 내린 축복과도 같았다. 가늘어진 털 사이로 흘러내리는 땀이 훨씬 빨리 증발했고, 체온도 적절하게 떨어졌다. 만약 밤이 찾아와 춥다면 낮에 사냥한 동물의 가죽을 덮어쓰면 해결되었다. 훨씬 더 살아남기 수월해진 것이다.

마찬가지로 자손도 가는 털을 가진 채 태어나기 시작했다. 게다가 불을 사용하기 시작하면서 가는 털을 가진 돌연변이가 태어나는 경향이 더욱 짙어졌다. 털이 가는 선조의 후예 중에는 더 가는 털을 가진 돌연변이도 태어났다. 당연히 살아남기가 더 쉬웠고, 번식하기도 쉬웠다. 그런 진화를 거친 결과가 바로 지금의 우리다. 우리의 피부에도 원숭이들처럼 털이 있지만, 대부분 그리 빽빽하지 않고 그 굵기도 가늘다.

진화의 자취를 거슬러 올라가 보면, 포유류의 선조에서 우리가 갈라져나왔을 때도, 물속에서 육지로 올라오게 되었을 때도 모두 돌연변이를 동반한 진화가 이루어졌다. 결국 돌연변이가 없었다면 지금의 인류는 없는 셈이다. 생각해보면 38억 년 전의 어느 시기에 지구에 처음 생긴 생물이 돌연변이에 돌연변이를 거듭하면서 지금의 다양한 지구를 만들었다. 한마디로 진화는 돌연변이를 통해 이루어진 것이다.

### 정상과 비정상, 그 희미한 경계 너머

우리가 대중문화에서 접하는 돌연변이라는 표현에는 '정상'이 아니라는 전제가 깔려 있다. 우리는 그들을 무섭고, 두렵고, 거북살스러운 존재로 바라본다. 하지만 '정상'이라는 것이 과연 존재할까?

지금까지 알려진 바로는 아프리카에서 처음 인류가 초원에 발을 내딛었고, 피부는 모두 검은색이었다. 아프리카 초원의 작렬하는 자외선 아래에서 털이 없는 피부를 스스로 보호하기 위해 자외선을 차단하는 멜라닌 색소를 피부 전체에 도포한 것이다. 숲속에서 털을 덮어쓰고 살던 시절에는 그렇지 않았다고 보인다. 고릴라나 침팬지의 털을 깎아 보면 동아시아 사람들과 비슷한 피부를 갖고 있다. 그늘진 숲에 살면서 검은 털로 덮혀 있으니 굳이 피부에 색소를 넣을 필요가 없었기 때문이다. 물론 피부색에도 일부 돌연변이가 있어서 조금씩 다르긴 하다.

그러나 인간은 가늘어진 털 덕분에 피부가 털의 역할을 대신해야 했다. 까만 피부 역시 돌연변이에 의한 진화라고 볼 수 있다. 이 선조들 중 일부는 유럽으로 떠났다. 그리고 북유럽의 춥고 구름 낀 날씨 속에서 다시 진화가 시작된다. 당시 북유럽의 환경에서는 비타민D를 섭취하기 힘들었다. 다행히 인간 선조 중 피부가 덜 까만 종족들은 자외선을 좀 더 흡수할 수 있었다. 비타민D를 합성할 수 있는 돌연변이를 가진 선조들은 그곳의 환경에 적응해 살아남았고, 현재의 북유럽 백인들을 형성하게 되었다.

두 종류의 피부색을 가진 사람 중 누구를 정상이라고 지칭할 수 있을까? 초원에 처음 나타난 때의 모습을 지닌 검은 피부의 사람이 정상일까, 아니면 숲속에 살던 영장류 시절의 하얀 피부의 사람이 정상일까? 다른 형질도 마찬가지로 생각해볼 수 있다. 아프리카에 사는 원주민들은 중부지역의 열대우림을 기준으로 서로 형질이 많이 다르다. 예를 들어 열대우림 위쪽은 키가 크고 말랐다. 아래쪽은 키가 작고 통통한 편이다. 과연 어느 쪽을 정상이라고 해야 할까? 우리나라 사람들의 경우도 얼굴이 길고 하관이 발달한 북방계통이 있고, 얼굴이 넓고 통통한 남방계통이 있다. 그들이 한반도로 유입된 이동경로를 보면 알 수 있다. 추운 북쪽에서 한반도로 온 사람들은 그 지역에 맞는 돌연변이에 적응한 사람들이 많았고, 더운 남쪽에서 한반도로 온 사람들은 또 그 지역에 맞는 돌연변이에 적응한 사람들이 많았다. 과연 둘 중 누구를 정상이라고 해야 할까? 우리는 이런 경우 '정상, 비정상'의 구분 자체가 이미 폭력적이라는 것을 알고 있다.

인류가 지구에 출현하는 과정에서, 그리고 그 이후로도 지속적으로 나타나는 돌연변이에는 정상도 비정상도 없다. 당시의 환경에 더 잘 적응하는지 못 하는지의 차이만 있을 뿐이다. 심지어 환경이 바뀌면 그동안 유리하던 돌연변이가 불리해지고, 불리하던 돌연변이가 유리해지기도 한다. 그리고 현재 우리가 가진 피부색, 홍채색, 머리카락색, 손가락과 발가락의 개수, 장기의 위치, 손과 팔, 발과 다리의 구조 역시 인류의 조상에게서 일어났던 다양한 돌연변이가 대물림된 것이다. 즉, 우리는 돌연변이의 총합인 것이다. 현재에도 돌연변이는 계속 나타나고 있다. 스스로 느끼지 못할 만큼 작은 것부터 생명을 위협하는 아주 큰 문제를 야기하는 경우까지 다양하다. 모든 사람이 크고 작은 돌연변이를 가지고 있다고 했을 때, 과연 누가 자신은 '정상'이고,

타인은 '비정상'이라고 말할 수 있을까?

참고로 앞서 언급했던 색을 감지하는 시세포가 네 종류인 사람도 있다. 이런 사람들을 사색자(tetrachromat)라고 한다. 이들은 시세포가 세 종류인 사람들보다 100배 정도 많은 색을 구분할 수 있다고 한다. 사색자 중 한 명인 화가 콘세타 안티코(Concetta Antico)는 나뭇잎을 볼 때 우리처럼 그저 녹색으로만 보지 않는다. "가장자리를 따라 주황색, 붉은색, 자주색이 보입니다. 잎의 그림자 부분에서 당신은 짙은 녹색을 보겠지만, 나는 보라색, 청록색, 파란색이 보여요. 마치 색이 모자이크되어 있는 것처럼 말이지요."[2]

반대로 영장류 이전의 유전자가 발동하면 두 가지 시세포만 갖게 되기도 한다. 색맹이라고도 부르는 경우다. 녹색 원추세포가 없거나 적어서 붉은색과 녹색을 구분하지 못하는 분들도 있을 것이다. 물론 시세포가 세 개인 사람들이 가장 많지만, 그렇다고 세 종류의 세포를 가진 사람만 정상이고 나머지는 비정상이라고 할 수 없는 것이다.

**2** 뉴스페퍼민트, 2016년 9월 12일, '보통 사람보다 100배 더 많은 색상을 보는 여성' http://newspeppermint.com/2016/09/11/m-tetrachromat/

4

# 내일 온 세상이 망한다면 무엇 때문일까?

## 〈나는 전설이다〉로 보는 지구 종말 시나리오

로버트 네빌: 샘, 조용히! 괜히 짖다가 걸리면 아작이야. 그래도 네가 있어 다행이야. 덕분에 따뜻하게 밤을 보낼 수 있게 됐어. 여긴 아직 안전해. 창이든 문이든 모두 제대로 다 막아놨잖아. 저 소린 길거리를 다니는 좀비 소리야. 발을 끄는 소리. 낮게 울어대는 소리. 제대로 걷질 못해 벽에 부딪히는 소리. 서로 몸을 부딪치며 옷끼리 버석대는 소리. 아, 이게 다 뭐란 말이야. 밤새 욕조에 갇힌 채로 손엔 총을 들고, 두려움에 떨면서 버텨야 하다니. 이 건물 전체에 살아 있는 건 나랑 샘 너뿐이라니. 뉴욕은 온통 좀비의 세상이 되어버렸어. 미친 러시아 놈들. 어쩌자고 핵을 쏜 거야. 미국의 대가리들도 마찬가지지. 어쩌자고 러시아랑 핵전쟁을 하냔 말이지.

(다음날)

샘: 월월! (그래도 낮에는 거리라도 다니니 좀 낫네. 어이! 개통조림이 있는지 마트 좀 뒤져보지?)

로버트 네빌: 샘, 고개를 치켜들어. 저 어둠 속에서 우리를 노리는 좀비가 있을지 모르잖아. 어젯밤엔 우리가 욕조에 숨어 있었지만, 낮에는 좀비가 어둠 속으로 숨어들지. 조금 서두르자. 오늘도 좀비 한 마리를 생포해야지. 너무 큰 빌딩은 위험하니 작은 집 지하실을 살펴보자. 우리가 여기 남은 이유를 떠올려봐.

샘: 월월! (일단 총이라도 있으니 너가 먼저 들어가는 게 어떨까?) 월월! (난 말야, 이 지구상에 유일한 개거든 좀 소중하단 말야, 컹!)

## 생명의 역사를 쓴 다섯 번의 대멸종

포스트 아포칼립스(post apocalypse)[3] 장르의 영화 하면 〈나는 전설이다(I Am Legend, 2007)〉와 〈매드맥스(Mad Max)〉 시리즈가 떠오른다. 그중에서도 〈매드맥스: 분노의 도로(Mad Max: Fury Road, 2015)〉는 단연 압권이었다. 간혹 인류의 멸망과 지구의 종말을 혼동하는 경우도 있지만, 대부분의 영화에서 그러하듯 인류가 사라져도 지구는 튼튼히 살아남을 것이다. 그럼 인류가 정말로 멸망한다면 과연 어떤 이유 때문일까?

〈둠스데이 프레퍼스(Doomsday Preppers)〉라는 다큐멘터리

3 핵전쟁, 자연재해, 감염병 등으로 인류의 종말이 일어난 뒤 상황을 배경으로 하는 문화예술 장르를 말한다.

〈매드맥스〉에서는 핵전쟁 이후 폐허 속에서 살아남은 인간들이 물과 기름을 두고 싸우는 디스토피아가 펼쳐졌다.

시리즈에서는 인류 멸망을 가능하게 하는 위험요소를 열 가지 정도로 보았다. 여기서는 핵전쟁, 소행성 충돌, 거대 화산 폭발, 블랙홀의 접근, 지구의 공전 궤도 이탈, 감마선 폭발, 외계인 침공, 태양 폭풍 등을 다루었는데, 그리 현실적인 시나리오라고는 볼 수 없다.

나에게 가장 현실적인 시나리오는 영화 〈투모로우(The day after tomorrow, 2004)〉다. 지구 온난화가 지구에 빙하기를 부른다는 설정이다. 영화에서도 그려지듯 대략 위도 30도 이상에 속하는 지역이 꽁꽁 얼어붙는 것이니, 지구상 모든 인류가 멸망하는 건 아니고 적도를 중심으로 한 지역에서는 살아남을 수 있을 것이다. 이 또한 지구의 역사를 통해 알 수 있는 사실이다.

인류 문화가 꽃피기 전, 신생대에는 꽤 많은 빙하기가 있었다. 지금 현재도 빙하기와 빙하기 사이의 간빙기에 해당한다. 빙하기의 흔적들을 연구해보면 지구 전체가 빙하로 덮였던 적은 한번도 없다. 대부분 위도 30도 정도를 기준으로 북반구는 북쪽이, 남반구는 남쪽이 얼었다. 그 사이의 지역은 빙하기에도 푸르렀고 다양한 생명들이 살았었다.

인류 멸망의 시나리오를 살펴볼 때 지구의 역사를 거슬러 올라가면 꽤 많은 영감을 얻을 수 있다. 인류가 지구상에 나타나기 전에도 수많은 생물이 살고 있었다. 고생대가 대략 5억 5천만 년 전에 시작됐으니, 약 5억 년 동안 지구에는 아주 다양한 생물들이 살았다. 물론 그 전에도 생명체들은 있었으나 지금처럼 다양한 생명이 살게 된 기점이 약 5억 년 전이라는 말이다.

그동안 다섯 번 정도 위기가 닥쳤다. 전 생명 종의 약 90퍼센트 정도가 사라지는 대사건이다. 이것을 흔히 대멸종 사건(Mass Extinct)이라고 부른다. 이러한 대멸종 사건은 고생대(Paleozoic Era) 중간에 두 번 있었고, 고생대와 중생대 사이에 한 번, 중생대 중간에 한 번, 중생대와 신생대(Cenozoic Era) 사이에 한 번, 총 다섯 번에 이른다.

그중 가장 먼저 일어난 고생대 오르도비스기(Ordovician Period) 대멸종과 데본기(Devonian period) 대멸종은 앞서 살펴

봤던 빙하기와 관련이 있다. 저 시절에는 육지에 생명이 거의 살지 않아서 대부분 바다생물이 멸종의 피해를 입었다. 규모가 큰 대멸종 사건은 고생대 말에서 중생대 사이에 일어났던 페름기(Permian Period) 대멸종이다. 모든 멸종의 어머니란 이름이 붙을 정도로 처참했다. 학자들에 따라서는 지구상 생물의 98퍼센트가 사라졌다고도 한다. 다음으로 중생대 트라이아스기와 쥐라기 사이의 멸종이 두 번째로 규모가 큰 대멸종 사건이었다. 이 사건을 계기로 공룡이 지상의 제왕이 되었다. 두 멸종은 거대한 화산 분화에 의해서 시작되었다는 공통점이 있다.

페름기 대멸종은 시베리안 트랩(Siberian Traps)으로부터 시작되었다. 지금의 러시아 시베리아 지역에서 당시에 거대한 화산 분화가  일어난 것이다. 오늘날 시베리아 지역의 절반 이상이 용암으로 뒤덮일 만큼 거대한 규모의 화산 폭발이었다. 오스트레일리아나 유럽 전역에 해당하는 면적이 용암으로 초토화된 것이다. 그런가 하면 트라이아스기 대멸종은 대서양 중앙해령의 분화로부터 시작되었다. 지금의 대서양 정중앙에는 북극에서 남극까지 이르는, 지구상에서 가장 길고 규모가 큰 해저 산맥이 있다. 대부분 화산 분화에 의해서 생겨난 산맥인데, 이를 대서양 중앙해령이라고 한다.

대멸종을 불러온 화산 폭발에 비하면 우리가 기억하는 이탈리아 베수비오 화산 폭발이나 미국 세인트헬레나 화산 폭발은

천 분의 일, 만 분의 일도 훨씬 안 되는 규모다. 페름기 대멸종 당시의 화산 폭발을 시속 200킬로미터로 달리는 덤프트럭이 충돌해온 경우에 비교한다면, 베수비오 화산의 폭발은 초속 5센티미터로 떨어지는 낙엽이 어깨에 스친 정도라고나 할까?

인류가 지구에 모습을 드러낸 이후 경험한 가장 강력한 화산 폭발 중 하나로, 지금의 산토리니섬에서 일어난 화산 폭발이 있다. 산토리니섬은 에게해의 중심에 위치하며, 남쪽으로 크레타섬, 북쪽으로 그리스와 터키에 둘러싸여 있다. 현재 우리가 알고 있는 산토리니섬은 화산 폭발이 일어난 뒤 남은 분화구의 위쪽이다. 마치 백두산의 꼭대기가 거의 다 물에 잠겨 천지호수를 만들고 그 주변에 산봉우리들만 남은 모습과 비슷하다. 물론 산토리니섬의 화산 폭발 규모는 백두산보다 1,000배는 더 큰 것으로 알려져 있다. 당시 산토리니섬에서의 폭발은 엄청난 규모였다. 폭발의 여파로 발생한 쓰나미가 당시 지중해 최고의 문명을 자랑하던 크레타섬을 덮쳐 크레타 문명 자체가 사라지게 만들었다.

그러나 인류가 겪은 가장 최악의 화산 폭발은 7만 5천 년 전으로 거슬러 올라가야 한다. 바로 인도네시아의 토바 화산 폭발이다. 폭발지점으로부터 9,000킬로미터나 떨어진 남아프리카의 해안가에서도 토바 화산의 화산재가 발견되었다고 한다. 화산 폭발 지수(VEI)가 최고점인 8로 측정되었고, 폭발 당시 화산재가 햇빛을 가려 햇빛 투과율을 25~90퍼센트까지 감소시켰다. 그로 인해 호모 사피엔스가 아프리카 바깥으로 진출하는 역사가 수천 년 동안 차단되었다. 화산재로 인해 여름에도 온도가 내려가, 강제로 몇 십 년간의 여름이 삭제된 채로 살아야 했던 것이다.

### 여섯 번째 대멸종을 부를 슈퍼화산 폭발

오늘날 대멸종을 부를 만한 화산이 폭발할 가능성은 얼마나 될까? 마그마와 화산재 분출 반경이 1,000제곱킬로미터 이상이 될 정도로 어마어마한 폭발을 일으키는 화산을 슈퍼화산이라고 한다. 현재 슈퍼화산의 후보로는 일본의 아소산(阿蘇山)과 미국의 옐로스톤(Yellowstone) 등이 있다. 미국 북서부에 위치한 옐로스톤 국립공원은 다양한 볼거리로 유명하다. 그런데 사실 이 공원은 전체가 거대한 휴화산의 분화구라고 봐야 한다. 우리나라에선 아소산의 폭발 가능성을 더욱 예의주시해야 한다. 아소산은 도쿄보다 서울에서 더 가깝기 때문이다.

만약 두 화산에서 분화가 시작되면 토바 화산보다 최소한 열 배 이상의 규모가 될 거라고 예측하고 있다. 문제는 두 화산의 분화 시기를 아무도 모른다는 것이다. 게다가 화산학자들에 따르면 전조가 나타나기 시작하면 대비가 무의미할 정도로 빠르게 분화할 것이라 한다. 분화 가능성에 대해서는 향후 100년

옐로스톤의 마그마는 지표에서 비교적 가까운 5킬로미터 깊이에 있다. 마지막 분화는 약 63만 년 전인데, 다시 폭발한다면 미국 국토의 3분의 2를 초토화시킬 것이다.

정도 내에 분화할 가능성이 매우 높다는 정도로만 알려져 있다. 결국 언제 분화해도 이상할 것이 없다는 말이다.

슈퍼화산이 폭발하면 반경 수백 킬로미터가 초토화될 것이라는 데에는 화산학자들 사이에 이견이 없다. 용암이 퍼져나가는 반경만 해도 최소한 경기도만 한 면적이 될 것이고, 화산탄이 폭탄처럼 꽂히는 곳은 거의 한반도 전역에 이를 거라고 한다. 그리고 화산에서 새어나오는 유독가스며 화산재에 의해 천지가 뒤덮여 지옥도가 연출될 거라고 예측한다. 이런 슈퍼화산은 폭발도 문제지만 뒤이은 자연 재해가 더 큰 문제다. 2011년 후쿠시마 지진의 경우도 지진 자체보다 지진에 의한 쓰나미로 원자력발전소가 가동 중단이 되면서 발생한 참사가 더 심각했다. 그런데 아소산은 그 규모가 훨씬 더 크다고 하니 걱정할 수밖에 없다. 아마 우리나라와 일본뿐만 아니라 중국과 러시아 동남아에 이르기까지 쓰나미가 발생할 가능성이 크다.

그리고 우리나라도 일본과 마찬가지로 원자력발전소를 보유하고 있다. 후쿠시마와 같은 일이 우리나라에서도 벌어진다면 상상조차 하기 싫을 정도다. 문제는 아무리 지진과 화산에 대비해 원자력발전소를 지었어도 슈퍼화산의 폭발과 그에 따르는 엄청난 규모의 쓰나미까지 대비한 설계는 아니란 것이다. 어쩌다 원자력발전소가 무사히 버텨준다고 해도 재난은 끝나지 않는다. 화산 폭발이 일어나면 핵겨울이 찾아온다. 폭발과 함께 퍼져나간 화산재가 대류권을 지나 성층권까지 올라가면, 즉 지상 10킬로미터보다 높이 올라가면, 전 세계로 순식간에 퍼지게 된다. 이 구역은 대기가 안정되어서 먼지가 쉽게 사라지지 않는다. 게다가 성층권에 퍼진 먼지들은 햇빛을 반사시킨다. 이 현상으로 당연히 지상에 도달하는 태양에너지도 줄어들 수밖에 없다. 그러면 전 세계적으로 기온이 떨어진다.

전 세계 평균 기온이 1도만 낮아져도 심각한 문제가 발생한다. 우리나라 동해안의 수온이 0.5도 높아지자 명태와 대구가 사라진 것처럼, 불과 1도의 온도 변화는 엄청난 결과로 나타난다. 핵겨울에 이어 가뭄과 홍수도 전 세계를 강타하고 이상저온 현상으로 작물들이 제대로 자라지 못하게 된다. 토바 화산 때 나타났던 소빙하기가 다시 도래하는 것이다. 더구나 아소산이나 옐로스톤은 그 규모가 훨씬 크니 더 오래 지속되리라 예상된다.

핵겨울이 끝나면 지구에는 온난화가 다시 시작된다. 화산이 폭발하면 대기 중으로 화산가스가 퍼져나간다. 화산가스의 구성성분 중 수증기 다음으로 가장 많은 것이 이산화탄소다. 수증기는 구름이 되고 다시 비가 되어 순환하지만, 이산화탄소는 대부분 대기 중에 남아 있게 된다. 무엇보다 이산화탄소는 지구 온난화의 주범이다. 대멸종에 버금가는 화산 폭발이 일어나고 나면 대기 중 이산화탄소의 농도가 꽤 높아지기 때문에 핵겨울이 끝나면 다시 지구 온난화가 시작된다.

하지만 이 정도로는 인류가 멸망의 단계로 진입하지 않을 것이다. 앞서 예로 들었던 페름기 대멸종과 트라이아스기 대멸종도 이 단계에 이르기까지 피해가 꽤 크긴 해도 많은 생물들이 살아남았다. 그러나 슈퍼화산의 대폭발로 인한 지구 온난화는 마지막 악마를 소환할 수도 있다. 게임으로 치면 최종 보스, 끝판왕이 등장하는 것이다.

지구 온난화는 해수의 온도도 상승시킨다. 해류도 교란시킨다. 문제는 바다 밑바닥에 메탄하이드레이트(Methane Hydrate)라는 물질이 깔려 있다는 것이다. 쉽게 말해 메탄가스를 핵으로 하는 얼음 덩어리라고 생각하면 된다. 메탄은 바다에 사는 생물들이 죽어서 바닥에 내려앉고 사체가 분해되는 과정에서 자연스럽게 만들어진다. 바다 밑바닥에는 죽은 생물들의 사체를 분해하는 세균들이 살고 있다. 그리고 산소가 부족한 환경에서 사체를 분해하면 자연스레 메탄이 발생한다. 그렇게 만들어진 메탄가스와 차가운 바닷물이 결합해서 만들어진 일종의 얼음을 메탄하이드레이트라고 부른다.

전 세계 대부분의 바닷속 3킬로미터 아래 바닥에는 이런 메탄하이드레이트가 엄청나게 많이 분포하고 있다. 일부 과학자들은 이를 수거해서 에너지원으로 쓰는 연구도 하고 있다. 그런데 해수의 온도가 올라가 바다 밑바닥까지 따뜻해지면 메탄하이드레이트가 녹고 메탄가스가 바다를 탈출해 대기 중으로 솟아오른다. 메탄은 대기 중의 산소와 만나 반응해 이산화탄소와 물을 생성한다.

이 과정에서 열이 발생한다. 가정에서 가스레인지를 켤 때 일어나는 반응과 동일하다. 그렇게 열이 발생하면 지구 표면이 조금 더 더워진다. 메탄이 산소와 결합해 생성한 이산화탄소는 다시 지구 온난화를 심화시킨다. 문제는 이 과정에서 산소도 소비된다는 것이다. 마치 사방이 꽉 막힌 집 안에서 가스레인지를 켜면 산소가 부족해지듯, 지구 전체에서 메탄이 산화되면서 산소 농도가 감소하게 된다.

페름기와 트라이아스기 대멸종 때 바로 이러한 과정을 겪었다. 대기 중의 산소가 부족해지고, 지구 표면의 온도가 올라가면 바다가 타격을 받는다. 그러지 않아도 부족한 물 속 산소가 대기로 빠져나가면 바닷속 생물들은 점점 숨을 쉴 수 없어진다. 마치 한여름 창가에 놓아둔 어항 속에서 물고기가 숨을 쉬지 못한 채 물 위로 떠오르는 것처럼 바닷속 생물들이 죽어나간다. 생물들이 죽는 것으로 끝이 아니다. 죽은 생물들은 처음엔 부패 과정에서 발생한 가스 때문에 수면에 떠오르다가 가스가 빠져나가면 다시 바닥으로 가라앉는다. 수없이 많은 사체가 바다 밑바닥에 가라앉으면 청소부들이 이를 분해한다. 하지만 바닷속에는 이미 산소가 부족한 상태여서 사체를 분해하는 과정에서 다시 산소가 소모된다. 이런 악순환이 바닷속을 지옥으로 만든다.

약간의 시차를 두고 지상에서도 같은 일들이 반복된다. 산소가 부족하면 먼저 산소 소모량이 많은 동물들이 죽게 된다. 그리고 그 동물을 먹이로 삼는 동물들도 따라 죽게 된다. 빙하기가 되었다가 다시 뜨거워진 대기에는 산소가 부족하고, 이렇게 산소가 부족한 대기 조건은 생명들이 도저히 살 수 없는 환경을 만든다. 고산병이 비슷한 예가 될 수 있다. 해발고도 4,000미터쯤 되면 고산병 증세를 겪는 사람들이 많다. 산소가 부족하기 때문이다. 5,000미터가 되면 대부분의 사람들이 고산병 증세를 호소한다. 그보다 더 높은 곳에선 전문적으로 훈련받은 이들을 제외하면 거의 모든 사람들이 숨을 쉬기가 힘들다. 7,000미터 이상으로 올라가면 산소 마스크의 도움을 받아야 한다. 그 정도로 산소 농도가 낮아지면 대부분의 동물들은 존재하기 힘들다. 쉽게 말해 지상 전체에 고산병이 도래하는 것이다.

아소산과 옐로스톤의 슈퍼화산이 폭발하면 바로 그런 최악의 시나리오가 현실화될 가능성이 높다. 더구나 지구는 인간으로 인해 벌써 온난화가 상당히 진척된 상황이다. 인간에 의한 온난화와 슈퍼화산에 의한 온난화가 겹치면 제6의 대멸종이 지상에 도래하게 될 것이다. 물론 모든 생물이 사라지는 것은 아니다. 이전의 대멸종에서도 많은 생물들이 살아남은 기록이 있다.

먼저 식물은 살아남는다. 산소 부족이 식물에게 미치는 영향은 크지 않다. 식물들은 스스로 산소를 만들기 때문이다. 이산화탄소의 농도가 높아지는 건 어느 정도까지는 광합성을 활발하게 하는 데 도움을 준다. 기온이 상승하는 것도 마찬가지로 광합성에 유리하다. 작은 곤충들과 벌레들도 살아남을 확률이 높다. 모기와 바퀴벌레는 벌써 세 차례의 대멸종을 견디고 지금껏 활개를 치고 있다. 사라지는 것은 덩치가 큰 동물들이다. 과학자들의 연구에 따르면, 여섯 번째 대멸종이 현실로 닥칠 경우 진돗개 크기 이상의 덩치를 가진 동물들은 살아남기가 대단히 힘들다고 한다. 그러나 인간은 많은 수가 죽겠지만 종이 완전히 사라지진 않을 것이다. 적은 수라도 살아남는 후손이 있다면 이들에 의해 포스트 아포칼립스의 삶이 이어지게 될 것이다.

### 어쩌면 지금이 빙하기를 대비해야 할 때

앞서 간략히 소개한 영화 〈투모로우〉에도 빙하기가 등장한다. 내가 그 영화를 좋아하는 이유는 과학적 사실에 가장 근접한 영화이기 때문이다. 먼저 빙하기에 대해 살펴보자. 약 6,500만 년 전부터 지금까지를 신생대라고 하며, 그중에서도 180만 년 전부터 지금까지를 신생대 제4기라고 한다. 그 기간 동안 주기적으로 빙하기가 찾아왔다. 빙하기와 빙하기 사이의 짧은 온난한 시기를 간빙기라고 부르는데, 지금 우리가 살고 있는 시대가 바로 제4간빙기에 해당한다. 즉, 지금 언제 빙하기가 찾아와도 이상하지 않다는 말이기도 하다.

빙하기가 이렇게 주기적으로 찾아오는 이유를 설명할 때 보통 지구가 태양 주위를 돌면서 만드는 주기들이 겹치는 시기와 관련짓는다. 즉, 지구와 태양 사이의 거리가 가까워지고 멀어지기를 반복하는 주기와 지구의 자전축이 회전하는 주기, 그리고 자전축의 기울기가 변하는 주기 등이 서로 맞물려 빙하기가 되기도 하고 간빙기가 되기도 한다는 것이다. 하지만 현재 과학자들은 이런 천문학적 요인이 아니라 인간에 의해 다가오는 빙하기를 더 우려하고 있다.

〈투모로우〉라는 영화는 바로 인간에 의한 빙하기를 그려내고 있다. 그동안 인류가 화석연료를 태우면서 지구 대기에는 이산화탄소가 점점 쌓여갔다. 대기에 쌓인 이산화탄소는 지구에서 우주로 빠져나가는 에너지를 붙잡아 지구의 기온을 상승시킨다. 그러다 임계점을 넘게 되는 때가 오면 인류가 화석연료 사용을 중단해도 소용이 없다.

먼저 시베리아와 캐나다 북쪽의 툰드라, 즉 영구동토층이 녹기 시작한다. 여름 기간 동안 툰드라가 잠시 녹으면 식물들이 자라고 동물들이 늘어난다. 그러다 다시 겨울이 되면 식물과 동물의 사체들이 썩을 겨를도 없이 얼어버린다. 또다시 여름이 되면 땅이 녹고 그 위에서 식물이 자라길 반복한다. 이런 상황이 몇만 년 동안 반복되면서 동토층에는 식물과 동물의 잔해가 언 채로 아주 두꺼운 층을 형성하고 있다. 지구 온난화가 찾아오면 동

지금과 같은 속도로 지구온난화가 계속된다면 그리 머지않은 미래에 영화 〈투모로우〉처럼 온 세상이 얼어붙는 빙하기를 맞게 될지도 모른다.

토층이 녹아버리면서 뒤늦게 부패가 시작된다. 그때 엄청난 양의 메탄가스가 나온다. 메탄가스는 그 자체로도 온실 기체지만, 더 큰 문제는 앞에서도 보았듯이 이것이 대기 중의 산소와 결합해 이산화탄소로 변한다는 사실이다.

영구동토층의 메탄이 이산화탄소로 바뀌면 지구 온난화는 더 심각해진다. 바닷물의 온도가 올라가면서 바닷물에 녹아 있던 이산화탄소도 대기 중으로 빠져나온다. 기체는 차가운 물에는 잘 녹지만 따뜻한 물에는 잘 녹지 않기 때문이다. 그렇게 지구 대기 중 이산화탄소 농도가 다시 높아지면 더 이상 사람이 손쓸 방법이 없어진다. 뒤이어 북극과 남극의 빙하가 녹는다. 녹은 빙하는 주변의 바닷물에 섞이게 된다. 또한 북극의 기온이 상승하면서 차가운 공기의 세력이 크게 약화된다.

북극의 차가운 공기는 세력이 약해져도 여전히 차갑다. 그러나 세력이 약해지면서 북극권 대기와 중위도권 대기의 기온 및 기압차에 의해 형성되는 중위도 상층의 제트기류 또한 약해진다. 쉽게 말해 둑이 터지는 것이다. 이제 북극의 차가운 공기는 점점 남쪽을 향한다. 차가운 공기에 노출된 육지는 평균 기온이 3~8도 정도 떨어진다. 그러면서 겨울이 점점 길어지고 겨울의 최저 기온도 낮아진다. 반대로 적도를 중심으로 한 열대는 더 뜨거워진다. 우리나라 중부 지방 정도를 포함한 중국 북부와 유럽 중부, 미국 북부까지도 차가운 북극 기류의 영향권에 든다.

해발고도가 높은 곳에선 눈이 내리고, 내린 눈이 녹지 않고 쌓이면서 빙하가 만들어진다.

한편 빙하가 녹은 물이 바다에 섞이면서 해수면이 올라간다. 지금은 태평양의 몇몇 섬나라에 해당하는 문제지만, 이내 전 세계의 해안에서 비슷한 문제를 겪게 될 것이다. 중국의 상하이, 홍콩, 일본의 도쿄, 오사카, 미국의 로스엔젤레스, 샌프란시스코, 우리나라의 부산, 목포, 군산 등이 모두 바다에 잠길 수도 있다. 지구 육지의 3분의 1은 빙하로 뒤덮이고, 사람들이 가장 많이 모여 사는 해안은 바다에 잠기는 사태가 벌어질 것이다.

과학자들에 따르면 이런 사태가 일어나기까지 남은 시간이 별로 없다고 한다. 전 세계 과학자들이 연구한 결과에 따르면 당장 2030년 즈음에 지구는 임계점에 도달할지도 모른다고 한다. 10년 정도밖에 남지 않았다. 하지만 이산화탄소를 가장 많이 배출하는 나라인 미국의 트럼프 대통령은 지구 온난화를 거짓이라고 주장하고 있다. 심지어 그는 전 세계 정부들이 함께 이산화탄소 배출을 줄이기 위해 모인 파리기후협약에서도 탈퇴해버렸다. 멕시코와의 국경에 장벽을 설치하는 정책도 실행하고 있다.

과연 그는 〈투모로우〉를 봤을까? 영화 속에서 미국 전역이 맹렬한 혹한에 휩싸이면서 사람들은 남쪽으로 점점 내려간다. 그러다 영화의 종반에는 살아남은 미국인들이 멕시코 국경을 넘어 멕시코 땅에서 겨우 생존하게 된다. 만약 그가 거짓말이라고

우기는 빙하기의 도래가 실제로 일어난다면, 어쩌면 그가 세울 장벽이 미국인들에게 통곡의 벽이 될 수도 있다.

5

# 지구로 소행성이 날아온다면 어떻게 될까?

### 〈아마겟돈〉으로 보는 소행성 충돌

해리 스탬퍼: 젠장! 프로스트, 이 자식. 제 앞가림도 못하는 주제에 뭘 나서 나서긴. 이게 지가 나선다고 될 일인가? 아직 머리에 피도 안 마른 녀석이 온 인류를 구하겠다고 허세가 아주 난리가 아냐. 그레이스 이 녀석도 그래. 프로스트 그 자식이 어디 이쁜 구석이 한 군데라도 있어? 얼굴 멀끔한 것 빼면 아무것도 아닌데. 얼굴에 반해선 죽네 사네 약혼까지 해버리다니. 망할! 결국 이 소행성에 내가 남게 되는구만. 안 봐도 뻔하다. 그레이스 그 자식은 애비가 죽건 말건 지 약혼자 살아난 것만 기뻐할 게 뻔해. 그 꼴을 보느니 내가 여기서 죽는 게 낫지.

락하운드: 어이, 해리. 그레이스 걱정 그만하고 폭탄 설치나 빨리 마치자고. 이러다가 지구가 정말 박살 나겠어. 그럼 그레이스도 끝장이야

서둘러.

해리 스탬퍼: 알았어. '지구의 70억 명이 다 죽는다 해도 상관없지. 내가 살아야지.' 하, 한 달 전만 해도 내가 이랬는데, 그 70억 중에 내 딸이 있으니 어쩌겠냐. 낳고 나서 내가 뭐라도 하나 잘해준 게 없으니 마지막으로 지 애인 생명 한번 구해주는 걸로 퉁쳐야지. 자, 어서 구덩이를 파자고.

락하운드: 젠장, 시간이 없는데 드릴은 왜 이리 더딘 거야. 좀 더 힘을 써봐. 썩을 얼음은 왜 이리 단단해.

해리 스탬퍼: 생각해보면 이 놈은 어쩌자고 지구로 날아온 거야. 이 놈이 제일 나쁜 놈이네. 내가 아주 박살을 내주마. 내가 묻은 폭탄이 너를 우주 공간 곳곳으로 다 날려버릴 거야. 자, 빨리 터트리자고!

**우주에서 날아드는 불청객, 운석**

앞서 살펴본 것과 또 다른 멸망의 시나리오는 운석 충돌이다. 영화 〈아마겟돈(Armageddon, 1998)〉에서는 지구를 향해 다가오는 소행성 표면에 구멍을 뚫어 핵폭탄을 넣고 폭파시켜서 지구를 비껴가게 한다. 공교롭게도 비슷한 시기에 개봉해 흥행 경쟁을 한 영화 〈딥 임팩트(Deep Impact, 1998)〉도 기본 설정에서는 거의 유사하다. 다만 소행성 대신 혜성이 등장하는 것만 다르다.

두 영화를 비교하는 것만으로도 꽤 흥미롭다. 〈아마겟돈〉이

흥행에서는 훨씬 더 성공적이었지만, 과학적으로 보자면 〈딥 임팩트〉와 〈아마겟돈〉은 하늘과 땅 차이다. 〈딥 임팩트〉가 대학원 수준의 과학적 검증을 거쳤다면, 〈아마겟돈〉은 초등학교 과학 수준의 검증도 하지 않은 영화라고나 할까?

어쨌든 지구에 소행성이나 혜성이 충돌한다는 시나리오는 꽤 현실성이 있다. 지구가 처음 만들어지고 1~2억 년 정도 지났을 무렵, 화성 정도 크기의 테이아(Theia)라는 행성과 충돌한다. 그 결과로 달이 만들어졌다. 테이아란 그리스 신화에 등장하는 달의 여신 셀레네(Selene)의 어머니인 티탄 테이아에서 유래한 이름이다. 달을 낳는 충돌이었으니 꽤 그럴 듯한 이름이다.

원래 테이아는 지구와 비슷한 공전 궤도를 도는 행성이었는데, 처음부터 화성 크기는 아니었을 것이다. 그러나 지구에 소행성들이 충돌하면서 지구가 점점 커지듯, 테이아도 소행성과 충돌하면서 크기가 점점 커졌다. 지구와 테이아가 충분히 커지자 둘 사이의 중력에 의해 테이아가 점차 지구로 접근하게 되었고, 약 45억 3천만 년 전에 충돌하게 된 것이다. 아마 지구가 탄생한 이래 가장 거대한 규모의 충돌이었을 것이다. 그 결과로 테이아는 산산조각이 났고, 지구도 맨틀의 상당한 부분이 우주 공간으로 흩어졌다. 테이아의 핵은 지구 중심으로 가라앉았다. 그리하여 지구는 다른 행성에 비해 과하다 싶을 정도로 커다란 핵을 가지게 되었다. 우주 공간에 흩어진 물질들은 지구 주위에 고리

공룡 멸종은 소행성 충돌이 원인이라는 것이 가장 유력한 가설이다. 미국에서는 소행성 충돌을 사전에 경고하는 ATLAS(Asteroid Terrestrial-impact Last Alert System)가 가동 중이다.

를 형성하게 되었다. 그리고 대략 100년의 시간에 걸쳐 조금씩 물질들이 뭉쳐져 현재의 달을 만들었다. 이것이 지금까지 나온 달 생성 가설 중에서 가장 합리적인 것으로 인정을 받는 거대 충돌설이다.

그뿐만이 아니다. 초기 지구에는 하루가 멀다 하고 크고 작은 미행성들이 떨어졌다. 그 여파로 지구 자체의 온도가 엄청나게 올라가 모든 것이 녹아내려 지구 전체가 마그마가 되었던 '마그마의 바다' 시절도 있었다. 그 후 지구에 충돌할 만한 미행성들이 대충 정리되자 지구에는 평온한 나날이 찾아왔다. 그래도 전혀 충돌이 없었던 것은 아니다. 지금도 지구 곳곳에는 소행성이나 혜성들이 충돌했던 흔적인 크레이터(crater)들이 꽤 많이 남아 있다.

유명한 운석 충돌로는 백악기 말에 대멸종을 초래한 사건을 따라올 만한 것이 없다. 멕시코 유카탄반도(Yucatan Peninsula)에 있는 마을 칙술루브(Chicxulub)에 떨어진 운석은 중생대를 끝내고 포유류의 신생대를 열었다. 당시 떨어진 운석은 지름이 약 10킬로미터에 달했던 것으로 추정된다. 엄청난 크기다. 충돌 당시 우선 대서양 전체로 쓰나미가 일어나 해안가를 덮쳤다. 그리고 대기 중으로 퍼져나간 먼지가 하늘을 뒤덮어버렸다. 성층권까지 올라간 먼지가 햇빛을 가리니 지구의 기온이 갑자기 떨어지기 시작했다. 태양광이 사라지니 식물들은 광합성을 제대로 할 수 없었다. 지구에는 수천, 수만 개의 화산이 동시에 터진 것 같은 효과가 나타났다. 이렇게 식물이 제대로 자라지 못하니 다른 생물들도 굶주리게 되었고, 많은 종이 죽어버렸다.

또 폭발 과정에서 삼산화황이란 가스가 대량 분출되었다. 이 가스가 비를 만나면 산성비가 된다. 일정 기간 동안 갑자기 지구 전체에 엄청난 산성비가 계속 내리게 된 것이다. 높은 농도의 산성비는 식물의 잎에 치명적이었다. 그러지 않아도 줄어든 광합성량이 더욱 감소하게 되었음은 물론이다. 바다에서도 산성비는 치명적이었다. 바다 생태계는 눈에도 잘 보이지 않는 아주 작은 플랑크톤들이 떠받치고 있다. 당시에 생존했던 플랑크톤 중 굉장히 많은 양을 자랑하던 유공충은 탄산칼슘으로 된 껍질로 둘러싸여 있었다. 게나 새우의 껍데기와 비슷하다. 그런데 탄산칼슘은 산에 약하다. 따라서 산성비가 바다를 산성화시키면서 유공충의 껍질을 녹여버렸고, 결국 대량 멸종으로 이어진 것이다. 해양 생태계를 떠받치던 유공충의 사라지자 연쇄적으로 다른 바다 생물들도 타격을 받게 되었다.

### 운석은 얼마나 자주 지구를 방문하는가

사실 운석은 지구로 매일 수만 개가 떨어지고 있다. 다만 크기가 너무 작아서 대부분 대기를 통과하면서 타버리고 별똥별로만 보일 뿐이다. 백악기에 공룡을 멸종에 이르게 한 규모의 충돌은 쉽게 일어나지 않는다. 실제로 지름 1밀리미터 정도의 운석은 30초마다 하나꼴로 지구에 떨어진다고 한다. 그보다 더 적은 것은 더 자주 떨어진다. 지름 1미터 정도 크기의 운석은 일 년에 한 번 정도 떨어지는데, 이 경우에도 지상에 떨어지기 전에 폭발하고 파편도 대기와 마찰하면서 타버리고 만다.

2013년 러시아에 떨어진 운석의 경우, 때마침 그 장면을 찍은 영상이 SNS에 올라와 화제가 되었다. 대략 15미터 정도의 운석으로 추정된다. 그 정도 크기면 공중에서 폭발한다고 해도 파편이 지표까지 떨어지게 된다. 대략 10년에 한 번 정도 일어나는 일이다. 당시에 자그마한 사고들은 있었지만 아주 위험한 상황은 아니었다고 한다.

가장 최근에 지구와 충돌한 대형 운석은 1908년 러시아 시베리아의 퉁구스(Tungus) 지역에 떨어진 것이다. 지름 100미터 정도 크기의 운석으로 추정된다(보통 퉁구스카 대폭발이라고 불린다). 이 경우도 지표에 충돌하기 전에 공중에서 폭발했는데, 수소폭탄에 버금가는 폭발력이었다고 한다. 퉁구스 지역이 오지인 덕분에 인명 피해는 없었지만, 폭발의 여파로 약 8천만 그루의 나무들이 쓰러져버렸다. 또 충격파로 450킬로미터 떨어진 곳의 열차가 전복될 정도였다고 한다. 쉽게 말해 부산에서 일어난 폭발로 서울에 있는 열차가 쓰러졌다는 것이다. 이런 정도는 1,000년에 한 번 정도 일어나는 일이다.

퉁구스카 대폭발 당시 쓰러지고 불탄 나무들. 이때 운석은 1945년 일본 히로시마에 떨어진 폭탄보다 185배 강력한 폭발을 일으켰다.

그렇다면 백악기 말에 떨어졌다는 지름 10킬로미터의 운석은 과연 얼마 만에 한 번 떨어지는 걸까? 과학자들에 따르면 대략 1억 년에 한 번꼴이라고 한다. 1억 년마다 꼬박꼬박 적금을 넣듯 떨어진다는 말은 아니고, 대략 지구의 역사 45억 년 동안 45번 정도 떨어졌다는 계산이다. 운이 좋으면 몇 억 년 정도는 그냥 지나가기도 하고, 운이 나쁘면 몇 백만 년 만에 떨어지기도 한다. 어찌 되었건 백악기의 충돌로부터 6,500만 년 정도 지났으니 아직 3천만 년 정도는 여유가 있다고 볼 수도 있겠다. 그렇다고 완전히 안심할 순 없겠지만.

### 정말 운석이 지구와 충돌한다면

그럼 대략 5만~6만 년에 한 번 정도 발생한다는 지름 500미터급 운석 충돌의 결과는 어느 정도일까? 인류가 지구상에 문명을 이루고 살아온 역사가 대략 1만 년 정도이니 운이 나쁘면 언제든 운석이 떨어질 수 있을 것이다. 결론만 말하자면 세상이 망하진 않는다. 좀 많이 다치고, 망가지고, 개개인이 절망적인 상황에 직면하는 경우는 많겠지만, 인류라는 종 자체의 운명을 좌우할 정도는 아니다.

먼저 운석이 바다로 떨어지는 경우를 생각해보자. 지구 표면의 70퍼센트가 바다이니 훨씬 확률이 클 것이다. 태평양에 떨어지면 태평양에 면한 모든 해안가가 쓰나미로 쓸려버릴 것이다. 후쿠시마 사태를 일으켰던 동일본지진이 일으킨 쓰나미나 인도네시아와 말레이시아 등지를 휩쓸었던 쓰나미 영상을 본 적이 있는가. 아니면 영화 〈샌 안드레아스(San Andreas, 2015)〉에서 묘사한 쓰나미는?

태평양에 운석이 떨어지면 영화에서 등장한 쓰나미보다 최소한 열 배가 넘는 쓰나미가 태평양에 면한 모든 해안을 휩쓸 것이다. 남극, 알래스카, 캐나다의 서부, 미국의 캘리포니아, 멕시코, 칠레, 페루, 오스트레일리아, 뉴질랜드, 파푸아뉴기니, 말레이시아, 인도네시아, 필리핀, 베트남, 중국, 대만, 일본, 러시아가 모두 피해의 대상이다. 최소한 해안부터 시작해 내륙 쪽으로 1킬로미

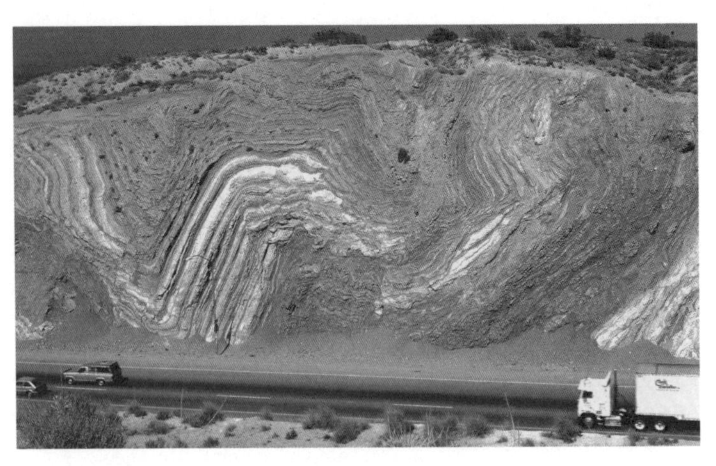

미국 캘리포니아주에 있는 샌 안드레아스 단층. 대륙판인 북아메리카판과 해양판인 태평양판의 경계에 형성되어 진원의 깊이가 얕은 지진이 자주 일어난다.

터 이상을 휩쓸 것이다. 다행히 한국은 일본이 방파제 역할을 하기 때문에 피해가 덜할 것으로 예상된다.

만약 운석이 대서양에 떨어지면 대서양 연안의 모든 나라들이 피해를 입을 것이다. 〈딥 임팩트〉에서는 대서양에 떨어진 혜성 조각으로 인해 유럽과 아프리카 서해안, 북미와 남미의 동해안이 초토화되는 것으로 예측했다.

반대로 운석이 육지에 충돌하면 바다보다 충격이 더 클 수 있다. 앞서 퉁구스에 떨어진 운석이 지름 100미터였다. 지름이 다섯 배 늘어난다고 해서 피해가 단순히 다섯 배로 늘어나지는 않는다. 지름 500미터면 피해의 크기는 120배 정도 된다. 반경 몇 백 킬로미터 이내의 생명체들은 대부분 죽게 될 것이다. 즉,

한반도 면적만 한 넓이에 사는 생명체들이 거의 죽게 된다는 얘기다. 우선 충돌 과정에서 발생하는 열파와 대기의 진동이 초음속으로 퍼진다. 그 열기와 충격파로 끝나지 않는다. 충돌로 인해 피어오른 먼지들이 지상에서 10킬로미터 이상으로 솟아올라 성층권에서 퍼진다. 그중에는 유독성 가스도 포함되어 있는데, 나중에는 비에 녹아 지표를 오염시키기도 한다.

물론 충돌지역과 멀리 떨어진 곳에서는 피해가 그다지 크지 않을지도 모른다. 그러나 반경 수천 킬로미터 안에서는 큰 피해를 입게 된다. 가령 우리나라를 중심으로 한다면 중국 동해안과 러시아, 일본 정도는 모두 피해를 입게 되는 것이다. 또 먼지들이 몇 년 동안 태양을 가려버려서 지구 평균 기온이 2~3도 낮아진다. 겨우 2~3도라고 생각하겠지만, 지금 우리가 겪고 있는 지구 온난화도 200년 동안 겨우 1도가 올랐을 뿐이다. 200년에 겨우 1도 오른 것도 '너무' 빠른 속도인데, 1년 만에 2도가 떨어진다면 생태계는 적응하지 못할 수도 있다. 아마도 많은 생물들이 사라질 것이다. 다행히 인간은 다른 생물들보다 적응력이 뛰어나서 생존율이 높겠지만 그래도 많은 사람들이 죽게 될 것이다.

그래서 인류는 운석 충돌을 일으킬 만한 가장 강력한 후보인 소행성과 혜성을 관측하고, 지구로 돌진하는 녀석들을 회피하기 위한 프로젝트를 기획했다. 물론 이러한 프로젝트를 만든 이면에는 날로 줄어드는 미우주항공국(NASA)의 위상과 예산(!)

을 어떻게든 확보하려는 계산이 숨어 있다.

숨은 의도가 무엇이든, NASA의 제트추진연구소(JPL)에서 만든 지구 근접 물체 프로그램(Near Earth Objects Program)이 대표적인 프로젝트다. 이들의 목적은 인간 문명을 파괴할 만한 크기의 소행성을 초기에 식별하고 분석하는 것이다. 이들은 우선 100년에 대여섯 번 정도 나타나는 지름 10미터 크기의 운석부터 관측하는 것을 목표로 하고 있다. 이런 운석이 바다나 산에 떨어지면 별로 상관이 없겠지만 만약 도심지에 떨어지면 피해가 꽤 클 것이다. 이들의 주장에 따르면 100년에 한 번 꼴로 떨어지는 지름 60미터짜리 소행성은 도시 하나를 파괴하기에 충분하다고 한다.

물론 이들이 사실보다 과장을 해서 예산을 따내려 한다고 생각하는 사람들도 있다. 반대의 주장을 내세우는 사람들은 소행성이 떨어질 곳은 지구 전체 면적의 70퍼센트에 해당하는 바다일 것이라고 한다. 또 남극이나 그린란드의 빙하지역, 시베리아와 캐나다 북쪽의 툰드라, 사하라 등의 사막지역, 히말라야, 알프스, 안데스 등의 고산 지대 등 사람들이 살지 않는 곳을 제외하고 사람이 많이 사는 인구밀집지역에 떨어질 확률은 10퍼센트 내외라고 주장하기도 한다.

그래도 정말 만에 하나 도시에 떨어지는 것을 예상한다면 몇십만 명의 사망을 예상할 수 있으니 조심해서 나쁠 것은 없을 것이다. NASA의 프로그램이 향후 200년 동안 운영되면서 단 하나의 소행성이라도 미리 확인하고 인류가 조치를 취할 수 있다면 매년 예산으로 1조 원씩 쏟아붓는다고 해도 아깝지 않다. 설령 200년 동안 아무것도 떨어지지 않으면 또 어떻겠는가? 그건 그것대로 다행한 일이다. 불이 나지 않는다고 해서 소방서를 없앨 순 없지 않은가. 환자가 없다고 병원 문을 닫을 수도 없는 일이고 말이다. 원자력 발전소 하나를 지을 때에도 1,000년에 한 번 일어날지 모를 지진에 대비해서 설계와 시공을 하지 않는가.

어찌 되었건 NASA의 제트추진연구소가 제시하는 '지구 최후의 날'을 막는 방법은 다음과 같다. 먼저 지구와 충돌 가능성이 있는 소행성을 포착하면, 로봇을 태운 우주선을 소행성으로 보낸다. 소행성에 도착한 로봇이 소행성 표면에 구멍을 뚫는다. 아, 브루스 윌리스가 이 사실을 알면 얼마나 허탈할까. 지구를 지키기 위해 자신을 희생하면서까지 소행성에 가서 구멍 뚫는 역을 자원했는데, 이제 그럴 필요가 없으니. 〈아마겟돈〉이 최근에 개봉되었다면 주인공은 브루스 윌리스가 아니라 로봇이었을 것이다. 로봇이 간단히 구멍에 폭탄을 넣고 '꽝!' 하고 터뜨리는 것이다.

하지만 이렇게 폭탄으로 제거할 수 있는 것은 그나마 크기가 작은 경우다. 백악기에 떨어진 운석이나 〈아마겟돈〉에 나오는 텍사스주 크기의 거대한 소행성이라면 미국이나 러시아가 보유한

핵폭탄을 모두 터뜨려도 꿈적하지 않을 것이다. 그리고 설령 서너 조각으로 나뉜다고 해도 파편 중 일부가 지구로 떨어지면 끔찍한 일이 일어날 것이다.

그래서 최근에 과학자들은 거대한 돛을 단 우주선을 제작해서 소행성과 태양 사이를 가리자고 주장하기도 한다. 햇빛이 소행성에 닿을 때 발생하는 에너지가 소행성의 궤도에 어느 정도 영향을 주기 때문이다. 그렇게 궤도를 조금 흔들면 소행성을 피할 수 있다는 생각이다. 아주 먼 거리에 있을 때 소행성을 발견할 수 있다면 궤도를 1도 정도만 틀어줘도 지구를 비껴갈 수 있다.

핵폭탄을 이용하는 경우에도 소행성 내부에서 터뜨릴 필요 없이 소행성 근처에서 터뜨려 궤도를 바꾸는 방법이 더 현실적이다. 아니면 여러 대의 로켓을 소행성에 착륙시킨 뒤 한쪽 방향으로 힘을 가하는 방법도 연구 중이라고 한다.

물론 어느 것 하나 현재의 기술 수준에서 쉬운 것은 없지만, 이를 가능하게 하려면 먼저 지구 근처의 소행성들을 면밀히 파악하는 게 우선이다. 그래서 지금도 많은 천문학자들이 지구 근접 물체 프로그램에서 일을 하고 있다. 게다가 거대 소행성에 의한 인류 멸망 시나리오는 어쩌면 현실화되지 않을지도 모른다. 당장 21세기 말이 되면 인간에 의한 지구 온난화로 인해 지구가 처참할 정도로 망가져, 22세기에 소행성이 도착했을 땐 인류가 이미 망했을 수도 있으니까 말이다. 인류가 멸망한 뒤에 찾아올 소행성 때문에 뭘 그리 고민할 필요가 있을까.

# 2장

# 기술, 인간의 몸과 마음속으로 들어오다

1

# 우리가 먹는 케이크는 GMO가 아니라고 할 수 있을까?

**〈서양골동과자점 앤티크〉로 보는 식물의 진화**

파티쉐 선우: 기범아, 케이크를 만들 때 가장 먼저 생각해야 하는 건 제누아즈야. 데코도 물론 중요하겠지만 사실상 케이크 맛의 핵심은 제누아즈가 결정하지. 폭신폭신하면서 이에 닿으면 툭 끊기는 식감. 버터와 달걀이 어우러진 질감. 설탕이 그렇게 많이 들어갔지만 단맛은 아주 살짝 배어나오지.

견습생 기범: 네, 그렇죠. 선배들은 모두 제누아즈가 기본이라고 하더군요.

선우: 제누아즈의 맛을 결정하는 게 뭐라고 생각해? 바로 밀가루야. 창고에 오래 보관한 눅눅한 밀가루로는 누구도 멋진 케이크를 만들 수 없어. 도정한 지 얼마 되지 않는 신선한 밀가루야말로 맛있는 제누아즈를 만들지.

기범: 재료도 재료지만 비율이 너무 중요한 거 같아요. 설탕과 버터, 밀가루와 계란의 비율, 그 황금비. 타인과 마음을 맞추는 것처럼 어렵네요. 언제 들어가야 하는지, 얼마만큼 들어가야 하는지, 어떻게 들어가야 하는지 항상 혼란스러워요. 다 안다고 생각했는데 날에 따라, 습도에 따라 비율을 미묘하게 조정하는 것이 너무 힘들어요.
선우: 그럼. 좋은 재료를 기껏 가져다 쓰면서 결과를 망치면 곤란하지. 훈련뿐이야. 계속 치대고, 비율을 살펴보고, 구워보고. 물론 메인은 밀가루일 수밖에 없지만 말이야.

## 우리가 먹는 모든 밀은 GMO다

〈서양골동양과자점 앤티크(2008)〉는 동명의 일본만화 〈서양골동양과자점(西洋骨董洋菓子店)〉을 원작으로 만든 영화다. 한적한 주택가 구석에 문을 연 케이크 전문점. 그곳을 운영하는 네 명의 꽃미남이 화면을 꽉 채운다. 조금 아쉬운 점이 있다면 영화의 제목도 주 무대도 케이크 가게인데 장면 중에 케이크의 기본인 스펀지케이크, 즉 제누아즈를 만드는 장면이 별로 나오지 않는다는 점이다. 감독의 의도가 따로 있을 테니 그에 대해서 불만을 가져봤자 의미는 없을 테지만.

아무튼 케이크의 기본은 제누아즈다. 보통 그 위에 재료들을 올리고 층을 만든 후 크림을 덮어 케이크를 만들게 된다. 아무리 생크림을 멋지게 바르고 토핑을 올려도 제누아즈가 형편

없으면 모두 헛수고다. 제누아즈는 밀가루, 버터, 달걀, 설탕을 기본재료로 만든다. 그중 밀가루의 원재료인 밀은 인간이 고대 메소포타미아 시대부터 가장 먼저 재배한 곡물 중 하나다. 그런데 우리가 먹는 밀가루가 유전자조작식품(GMO, Genetically Modified Organism)이라는 사실을 알고 있는가. 20세기나 21세기처럼 최근에 조작된 것은 아니고 아주 옛날 몇천 년 전에 조작된 것이다.

원래 야생밀은 염색체 개수가 14개다. 그런데 약 9,000년 전에 야생밀을 다른 종의 식물과 혼종하여 엠머밀(emmer wheat)이라는 새로운 종류의 밀을 만들었다. 그 과정에서 엠머밀의 염색체 개수가 28개로 두 배 늘어났다. 이를 전문용어로 이배수체라고 한다. 참고로 엠머밀을 개량해 만든 듀럼밀(durum wheat)이라는 품종은 주로 이탈리아의 파스타에 쓰인다. 듀럼밀은 도정을 하면 세몰리나라는 굵은 조각으로 깨져서, 가늘고 고운 형태의 가루가 되질 않는다.

또 현재 빵이나 케이크의 재료인 밀가루를 만드는 밀을 빵밀(bread wheat)이라 한다. 이는 엠머밀과 다른 식물을 교배하여 만든 것으로, 염색체 개수가 야생밀의 세 배인 42개다. 이를 삼배수체라고 한다. 빵밀이 케이크나 빵, 국수를 만드는 재료가 될 수 있었던 것도 사실 인간이 개조를 했기 때문이다. 빵밀을 빻으면 아주 고운 가루가 된다. 밀이 원래 그런 것이 아니라 인간이

여러 가지 밀의 종류. 왼쪽에서 세 번째가 빵밀이고 일곱 번째가 엠머밀이다.

가루로 잘 빻아지는 밀만 선호하다 보니 그런 종류의 밀만 집중적으로 심고 교배하면서 정착된 특성이다. 또 밀가루가 반죽이 잘되는 이유는 밀가루 속 글루텐이라는 단백질 성분 때문이다. 원래 밀은 글루텐 함량도 지금처럼 높지 않았다. 마찬가지로 밀가루 반죽이 잘 만들어지는 밀을 선호하는 인간의 취향에 따라 개량된 것이다.

밀만 개량된 것이 아니다. 다른 작물들도 모두 개량에 개량을 거듭한 것들이다. 전 세계에서 가장 많이 소비되는 작물로는 벼, 밀, 보리, 옥수수, 감자 정도가 있다. 그중 감자를 제외하면 모두 벼과 작물이다. 우선 이 작물들의 야생종 모습과 현재의 모습을 비교해보면 각 낟알의 크기가 커졌다는 특징이 있다.

야생종의 낟알을 보고 있으면 언제 모아서 먹을 수 있을지 궁금할 정도로 작다. 그렇게 잘았던 녀석이 몇천 년에 걸친 개량 끝에 지금 우리가 보고 있는 정도로 커진 것이다.

두 번째 특징으로, 낟알이 수확될 때까지 잘 떨어지지 않는다는 점이다. 야생종들은 익으면 무조건 떨어진다. 낟알이 땅에 떨어져 묻히지 않으면 싹을 틔우지 못하니 당연하다. 낟알이 작은 것도 그와 관련이 있다. 낟알이 작고 가벼워야 바람에 잘 날아가 멀리까지 퍼지기 때문이다. 그러나 인간이 재배하면서 상황이 바뀌었다. 땅에 떨어진 낟알을 주워 쓰려면 노동력이 너무 많이 든다. 그래서 낟알이 잘 떨어지지 않는 녀석들만 골라 재배하기를 거듭했고 어느새 밀이든 벼든 옥수수든 구분 없이 낟알들이 인간의 손에 수확되기 전까지 그대로 붙어 있게 되었다.

세 번째 특징은 낟알이 아주 많이 열린다는 점이다. 원래 식물의 입장에서는 낟알을 맺는 데만 신경을 쓸 순 없다. 잎을 갉아먹는 애벌레에 대한 대비도 해야 하고, 다른 식물과도 경쟁해야 한다. 그런데 인간의 관리를 받기 시작하면서 식물은 오직 낟알을 많이 맺는 데만 신경을 쓸 수 있게 되었다. 잎을 갉아먹는 애벌레나 진딧물은 농부가 알아서 농약으로 없애준다. 어느새 자신의 옆에서 자라고 있는 다른 풀들도 농부가 잽싸게 뽑아준다. 심지어 제초제를 사용해서 한꺼번에 없애버리기도 한다. 잎을 먹이 삼아 먹는 염소나 양, 소나 말도 접근하지 못한다. 알곡을 훔쳐 먹는 참새와 들쥐도 쫓겨난다. 천적에 대한 대비와 경쟁 식물에 대한 대응을 모두 인간에게 맡긴 덕분에 식물들은 에너지를 비축할 수 있게 되었다. 그리고 남는 에너지를 오직 낟알을 더 많이 만드는 데만 사용할 수 있게 된 것이다. 농부들도 다른 풀과 해충과 전쟁을 벌이는 품종보다는 알곡을 풍성하게 만드는 품종을 선호했다.

그러나 그 결과 이들 작물은 인간이 돌보지 않으면 더 이상 생태계에서 버틸 수 없는 종이 되었다. 야생밀은 아직도 메소포타미아나 터키 등의 지역에서 발견된다. 애초에 야생 상태의 밀이었으니 지금껏 다른 종과의 싸움에서 버틸 수 있는 것이다. 그러나 지금 벼농사나 밀농사를 짓는 농촌으로 가보자. 논이나 밭 바로 옆의 들이나 산에서 과연 밀이나 벼를 볼 수 있을까? 좀처럼 볼 수 없다. 인간의 손을 벗어난 지역에서 이들은 어떤 경쟁력도 가지지 못해 살아남지 못하는 것이다.

### 과일도 진화하며 유전자가 변했다

과일의 경우도 마찬가지다. 사과, 배, 오렌지, 포도, 딸기, 수박 등 우리가 즐겨 먹는 과일의 야생종을 살펴보면 벼나 밀과 비슷한 변화를 겪었다는 것을 알 수 있다. 인간이 먹기 좋게 껍질은 얇아졌고, 당도는 높아졌으며, 크기도 커졌다. 자연 상태에서는 필요도 없고, 경쟁력도 없는 형질로 변한 것이다.

과일들의 껍질이 왜 질길까? 식물 입장에서 쓸모없는 녀석들이 먹는 것을 방지하기 위해서다. 그 주인공은 바로 곤충이다. 곤충들은 열매의 과육만 먹어버린다. 식물들이 열매 안에 곱게 넣어둔 씨는 그냥 남겨둔다. 식물 입장에서는 기가 찰 노릇이다. 식물이 왜 열매를 만들었겠는가. 새나 다른 동물들이 열매를 통째로 먹고서 멀리 떨어진 곳에 가서 똥과 함께 씨를 배출하기를 바라기 때문이다. 동물의 똥을 비료 삼아 씨가 무럭무럭 자라기를 바라는 마음에서 에너지를 끌어모아 먹기 좋은 열매를 만들었는데, 곤충들은 과육만 먹고 사라지니 대책이 필요했다. 그 결과가 바로 질기고 단단한 껍질이다. 껍질 겉에 천연 왁스 성분을 발라서 곤충이 달라붙지 못하게 하는 경우도 있다.

과일의 크기도 중요하다. 뒷산의 나무에 맺힌 열매들을 머릿속으로 그려보라. 산수유, 버찌, 진달래, 개나리, 산딸기처럼 우리가 쉽게 볼 수 있는 나무들의 열매는 전부 크기가 아주 작다. 한 번에 열댓 개씩 털어 넣어야 겨우 씹는 맛이 느껴질 정도다.

원래 이처럼 야생의 열매들은 크기가 작다. 새에게 먹이가 되려고 만들어졌기 때문이다. 새들은 높은 나무 위에 맺힌 열매를 먹고, 하늘을 날아 이동을 하니 씨앗을 먼 곳까지 이동시킬 수 있다. 더구나 새들은 이빨이 없어서 먹이를 그냥 삼킨다. 그러면 열매 안의 씨가 새의 배 속에서 소화되지 않고 똥과 함께 나오기 쉽다. 씨앗이 새 부리로 쏙쏙 삼키기 쉬운 크기로 만들어진 것도 바로 그런 이유 때문이다. 물론 크게 만들면 에너지 낭비이기도 하다.

게다가 과일들이 지금처럼 달지도 않았다. 물론 새들도 맛을 느끼긴 하지만 그냥 삼켜버리기 일쑤다. 그래서 씨를 감싸고 있는 과육에 영양분만 풍부하면 될 뿐, 굳이 새콤달콤할 필요가 없었던 것이다. 단, 새끼손톱만 한 크기의 열매라고 해도 그 속에 씨앗이 열댓 개는 들어가 있었다.

그러나 사람이 과일을 재배하면서 상황이 달라졌다. 씨는 적게, 열매는 크게, 껍질은 얇게, 과육은 풍부하게, 맛은 달게 생산되도록 식물들이 개량된 것이다. 또 곡물과 마찬가지로 사람들은 원래 열매를 차지하고 있던 새들을 쫓아내고, 해충이나 경쟁식물로부터 식물들을 보호하기 시작했다.

한편 과일이나 야채, 곡물이 사람에 의해 재배되는 과정에서 수없이 많은 유전자 변형이 일어났다. 흔히 말하는 GMO, 즉 유전자 조작 식물이 된 것이다. 이런 품종 개량 과정은 20세기 중반을 넘어서면서 획기적으로 바뀐다. 수십 세대를 거치며 사람 손으로 일일이 가루받이를 해주어 몇십 년에 걸쳐서야 이루어지던 유전자 조작이 유전공학을 통해 아주 간단하게 이루어지게 된 것이다.

유전자 조작의 과정을 짧게 살펴보자. 우선 원하는 유전자를 가진 개체를 찾아내, 그 개체의 세포핵에 있는 염색체에서 원하는 유전자 부위를 잘라낸다. 그리고 이를 우리가 키우려는 개체의 핵에 집어넣으면 끝이다. 아주 간단하다. 물론 실제 과정이 이처럼 간단한 것은 아니지만, 이런 방법을 통해 품종 개량을 하면 이전과 비교해서 관리도 쉽고 비용도 저렴하면서 사람들이 원하는 품종을 마음껏 만들 수 있게 된다.

게다가 21세기 들어서 크리스퍼(CRISPER)라는 유전자 가위가 새로 개발되면서 획기적인 변화를 맞이하고 있다. 유전자 가위가 등장하기 전까지는 염색체에서 우리가 원하는 부위만 잘라내는 것이 불가능해서 주변의 염색체들까지 모두 덜어내야 했다. 하지만 이제는 염색체에서 필요한 부분만 떼어낼 수 있게 되어서 부작용도 줄어들었다. 유전자 가위 기술은 앞으로 더 발전할 테지만 지금까지의 성과만 보더라도 유전공학에 일대 혁신을 가져왔다. 기존의 방법으로 1년 정도 걸리던 일을 한 달이면 해낼 수 있을 정도라면 설명이 될까?

그런데 GMO를 반대하는 사람도 많다. GMO에 어떤 문제가 있기 때문일까? 생물학, 특히 유전공학을 주로 연구하는 사람 중에는 GMO를 반대하는 것이 단순한 선입견 때문이라고 주장하는 경우가 많다. 반대로 환경단체나 시민단체에 있는 사람은 '과학'으로만 바라보는 것이 시야를 좁히고 있다고 한다. GMO가 과학의 문제만은 아니다. 경제적 문제이고 국제적 문제이며, 동시에 정치적 문제이기도 하다. 하지만 반대로 과학적 결과를 무시

하기만 할 문제도 아니다. 문제들을 하나씩 살펴보자.

일단 GMO 식품이 안전한가에 대한 과학적 논란이 있다. 앞서 현대적 유전공학이 아닌 전통적 방식의 육종도 일종의 GMO라고 말했다. 그러한 육종과정을 거쳐 개발된 작물이나 가축 중에도 문제를 일으키는 녀석들이 있다. 마찬가지로 현대의 유전공학에 의한 GMO에서도 문제는 발견된다. 그렇다면 새로 개발된 종자에 대한 임상실험을 얼마나 제대로 거쳤는지가 중요하다. 유전공학자나 종자회사의 경우에는 충분한 실험을 거쳤다는 장점이 있지만, 다른 경우에는 아직 정확한 데이터가 충분히 마련되지 않았다는 단점이 있다.

둘째, GMO작물이 생태계에 미치는 영향이라는 문제가 있다. 특히 식물은 종(species)이 다른 경우에도 교배가 이루어지는 경우가 많다. 앞서 소개한 밀의 자연적인 개량도 그런 방식으로 이루어졌다. GMO작물도 기존의 다른 야생종과 교배가 이루어질 수 있다. 실제로 그런 경우가 보고되기도 했다. 그렇다면 GMO형질 작물과 교배에 의해서 만들어지는 식물종이 기존 생태계에 악영향을 줄 수 있다는 점을 고려해야 할 것이다. 예를 들어 특정 제초제에 내성이 있는 GMO작물을 개발했는데, 이 작물이 주변의 다른 식물과 교배되어 제초제 내성을 가진 잡초들이 번지게 될 수 있다는 것이다.

셋째, GMO작물을 개발하는 몬산토(Monsanto)를 중심으로 한 국제적 종자기업과 제3세계 농민 간의 갈등 문제가 있다. 몬산토 같은 기업이 종자를 판매하는 과정에서 독점의 형태를 취하는 일이 일어나고 있고, 제3세계 농민들을 착취한다는 주장이 있다. 이들이 종자 시장을 쥐락펴락하기 때문에 제3세계 농민들에겐 선택권이 없다는 것이 쟁점이다.

마지막으로 종 자주권 문제도 걸려 있다. 우리나라의 경우 IMF 시대를 거치면서 대부분의 국내 종자기업이 외국계 종자기업에게 인수되었다. 우리의 토종 종자들이 그들의 손에 넘어가버린 것이다. 키우기 쉽고 소출이 많은 종자가 공급되고 토종 종자들이 점점 외면을 받는 것을 보면서 종자 주권이 외국 기업에게

2013년 캐나다 밴쿠버에서 있었던 몬산토 반대시위 행진. 세계적 농업생물학 기업 몬산토는 GMO 식품의 대명사로 불린다.

넘어가는 것에 대한 경각심을 강조하는 사람이 많아지고 있다.

GMO작물의 안정성과 생태계 교란에 대한 문제는 '과학적 검증'이 필수적인 영역이다. 이 부분에 대한 논쟁은 검증 과정이 보다 정밀해지고 객관적 데이터가 나오면 어느 한쪽으로든 수긍할 수 있는 문제다. 그러나 제3세계 농민에 대한 착취와 종 자주권에 대한 문제는 실제로 일어나고 있는 일이고, 판단의 문제다. 즉, '가치'의 문제이기 때문에 어느 진영에 속하느냐에 따라 입장이 갈릴 수밖에 없다. 이런 면에서 어찌 보면 영원히 합의할 수 없는 문제이기도 할 것이다.

### 알고 보면 '토종' 음식은 별로 없다

한우는 안정된 품종을 가진 존재다. 한우가 낳은 소는 어미소와 형질이 비슷하다. 치와와가 치와와와 교배하면 치와와가 나올 뿐, 스피츠가 나오지 않는 것과 같다. 국내에서 키우는 소 중 한우는 특별히 관리를 하고 있기 때문에 그렇다.

그런데 국내에서 키운 소라고 모두 한우는 아니다. 우선 우유를 생산하는 젖소는 한우가 아니다. 또 육우 중에서도 한우 품종이 아닌 것도 있다. 유전적으로도 한우는 일반 소들과는 다른 자신들만의 특징이 있다. 물론 일본의 화우(和牛)도 그렇고, 유럽의 앵거스(Angus)나 홀스타인(Holstein)도 마찬가지다.

한돈은 조금 사정이 다르다. 특정한 품종을 말하는 것이 아니라 우리나라에서 키우고 도축한 돼지를 모두 한돈이라고 부른다. 버크셔(Berkshire)종이든 요크셔(Yorkshire)종이든 모두 한돈인 셈이다. 더구나 이 돼지들은 모두 우리나라 고유의 품종도 아니다. 일단 이름들이 모두 영어 아닌가. 이 종들은 일제 강점기에 도입된 외국 품종의 돼지들이 서로 교배되면서 정착된 녀석들이다.[1] 물론 심정적으로 우리나라 농민들이 키운 돼지를 먹는 것이 좋다는 점을 부정할 수는 없다. 그러나 팩트는 체크해야 하지 않을까?

우리나라 농가는 외국 농가와 달리 뭔가 특별한 방법으로 사육을 하기 때문에 돼지의 품질이 더 좋은 걸까? 아쉽게도 그렇지 않다는 걸 우린 이미 알고 있다. 우리나라 돼지, 즉 한돈을 먹어야 하는 이유는 이전부터 먹어와서 익숙한 품종이라는 점, 같은 나라 사람이 기른 것이라는 점 외에는 없다. 외국의 경우에는 우리나라 한우처럼 돼지도 품종을 가려서 키우고 인증을 받는 제도가 있다. 품질이 좋은 돼지도 당연히 많을 것이다. 특히 요즘 인기를 끌고 있는 하몽이라는 햄은 스페인 이베리코(Iberico) 품종으로만 만든다. 또 삼겹살 전문점 중에서는 듀록(Duroc) 품종의 고기만 취급하는 곳도 심심치 않게 보게 된다.

요즘 식품 마케팅의 일환으로 '토종', '우리나라 고유종' 같은

1 조선일보, 2013년 10월 19일, '흑돼지면 다 한돈? 지금 것은 일제 때 들여온 외래종' http://news.chosun.com/site/data/html_dir/2013/10/18/2013101802562.html

문구를 많이 사용한다. 돼지만의 문제는 아니다. 과연 어떤 것이 토종이라는 것일까? 김치부터 이야기해보자. 원래 우리나라에는 고추가 없었다. 지방에 따라 김치를 짠지라 부르는 이유도 소금에 절였다가 파나 무채 등과 곁들여 젓갈로 버무린 것이 김치의 한 종류였기 때문이다. 고추나 감자 같은 작물들은 모두 아메리카 대륙이 원산지다. 포르투갈과 스페인으로 전파되었다가 무역 경로를 따라 유럽을 거쳐 동남아와 중국, 일본, 우리나라에까지 전해진 것은 지금으로부터 300년 전쯤이다. 반만 년 역사를 자랑하는 한국에서 300년은 전체 역사의 10분의 1도 되지 않는 짧은 기간이다. 새로운 작물이 들어왔다고 해서 곧바로 식용이 되었을 리도 없다. 김치에 사용되기에도, 고추장으로 변화되기에도 많은 시간이 걸렸다.

고추가 전래되기 전에는 매운맛을 내기 위해 산초나 제피 같은 것들을 사용했다. 이것들은 지금도 어죽이나 매운탕 등에 넣어 먹는데, 매운맛보다도 비린내를 잡고 세균 번식을 막기 위한 목적이 크다. 하지만 고추가 전래되자 상황이 달라졌다. 산초나 제피보다 경작하기도 수월했고 산출량도 많았다. 고추의 매운맛은 처음에는 낯설었지만, 값이 싸고 대량으로 생산되는 덕분에 서민들이 사용하지 않을 수 없었다. 그래서인지 예전부터 내려오는 '고급진' 음식들을 보면 고춧가루가 들어간 음식이 생각보다 별로 없다.

감자도 마찬가지다. 논농사도 밭농사도 짓기 어려운 산악지대에 살던 이들에게 감자는 신세계를 열어줬다. 우리나라에서는 강원도가 감자로 유명한데, 사실 함경도도 감자로 유명하다. 함흥냉면도 원래 감자 전분으로 만든 것이다. 과일도 처지는 비슷하다. 바나나, 파인애플, 망고처럼 외래어로 불리는 것들은 말할 것도 없지만, 우리식 이름이 있는 과일 중에도 고유종은 찾아보기 힘들다. 딸기도 조선시대에는 구경도 못 했던 과일이다. 일제강점기에 들어온 것이다. 사과를 보자. 능금이 우리나라 토종 품종이라고 알고 있지만, 지금 시장에서 팔리는 대부분의 사과는 20세기 초 일본을 통해서 들어온 외래 품종이다. 배의 경우도 전체 재배량의 85퍼센트는 일본산 품종이다. 외국에서 들여온 품종이라서 나쁘다는 말이 아니다. 기존에 재배하던 품종이 있었는데도 외국 품종이 자리를 꿰어 찬 것은 재배하기 편하거나, 수확량이 많거나, 맛이 더 좋았기 때문이다. 그렇다고 무조건 외래 품종이 좋다는 것 또한 아니다. 무조건 '한국 대 외국'의 이분법적인 비교가 제대로 된 평가를 방해하고 국민 감정에 호소하기 때문에 문제가 있다는 것이다.

## 2

# 사이보그 기술로 어떻게 장애를 극복할 수 있을까?

### 〈여인의 향기〉로 보는 생체공학

프랭크: 눈이 보이지 않는 건 가혹한 일이에요. 지금 나는 당신 덕분에 행복하지만, 돌아가면 아마 생을 마감할지도 몰라요. 매일 밤 침대에 누워 나는 관자놀이에 권총을 겨누는 상상을 하곤 합니다. 술을 마신 밤이면 더 하죠. 그래서 가능하면 가장 찾기 어려운 곳에 총을 놔두곤 해요.

도나: 당신의 마음을 이해할 순 없지만 그래도 당신의 탱고를 기억해요. 탱고를 추는 순간 당신은 아주 행복했고, 무대를 지배했어요. 저도 당신을 따라 스텝이 꼬여도 즐거웠고 발이 밟혀도 웃었죠. 당신이 말했죠. 가장 찾기 어려운 곳에 총을 둔다고요. 당신의 불행이 만든 어둠을 그곳에 두세요. 아주 찾기 어려운 곳에 말이죠.

프랭크: 눈이 보이지 않은 다음부터 다른 세상을 만나기도 하죠. 지

금 듣는 이 음악을 이전에 들을 수 있었다면 세상은 달라졌을 거예요. 당신이 사용한 오길비 시스터즈 비누의 향기도 이전에는 느낄 수 없었죠. 손끝으로 전해지는 당신의 리듬도 알 수 없던 시절이에요. 하지만 이 모든 감각을 잃는다 해도 눈을 다치기 전으로 돌아가고 싶어요. 눈으로 당신을 보는 것이 음악과 향기와 리듬을 합친 것보다도 훨씬 더 행복하다고 단언할 수 있어요. 이런 생각이 들 때마다 다시 깊숙이 감춰둔 권총을 생각합니다.

도나: 오, 하지만 당신은 지금 웃고 있어요. 보이지 않는 건 보이는 것보다 불행하겠죠. 하지만 당신이 웃는 건 새로운 행복을 보기 때문이 아닌가요. 당신이 말했죠. 실수를 하더라도 탱고는 계속된다고. 당신의 삶도 탱고처럼 계속될 걸 믿어요.

## 사이보그는 인간의 미래가 될 것인가

조만간 프랭크(알 파치노)와 같은 상황에 처한 사람들이 시각장애에서 벗어날 수 있을지도 모른다. 망막세포를 대체하는 다양한 방법이 연구되고 있고, 곧 실용화를 앞둔 단계이기 때문이다. 물론 시각을 되찾게 된 그가 더 멋진 탱고를 출 수 있을지는 논외로 치더라도.

이렇게 장애를 가진 사람이 훼손된 신체 대신 다른 대용품을 사용하여 기계장치와 결합된 몸을 갖게 되면 사이보그라고 부른다. 이런 정의를 생각해보면, 사이보그의 역사는 인류의 역사와 궤를 같이할 것이다. 다리를 다쳤을 때 지팡이를 짚고 걷는 것도 일종의 사이보그로 볼 수 있을 테니까. 의수나 의족, 의안 같은 것들의 역사도 꽤 오래되었다. 안경을 쓰거나 보청기를 끼는 것, 틀니를 하는 것도 물론 마찬가지다. 하지만 이런 것들까지 사이보그라고 하기는 좀 어렵다. 사이보그(cyborg)[2]라는 말의 어원을 따져봐도 그렇다.

신경이 연결된 채 본인의 의도대로 움직일 수 있는 기계를 착용한 것을 사이보그로 본다면 범위가 많이 좁혀진다. 같은 의수라도 신경과 연결되어 착용자의 의도대로 움직여야만 사이보그의 일종이라고 할 수 있을 테니 말이다. 물론 이런 상상들은 20세기 초부터 있었다. 그러나 비용 문제나 기술의 한계로 인해 20세기 내내 연구만 진행되었을 뿐 실용화는 되지 못했다. 그러나 이제 거의 실용화의 단계에 다다른 영역들이 늘어나고 있다. 의수와 의족이 대표적이다. 눈이나 귀와 같은 감각기관도 장족의 발전을 거두고 있다. 인공장기도 한 분야를 담당하고 있다.

그러나 대중매체에서 다루고 있는 사이보그는 단지 기존의 기능을 대체하는 데 만족하지 않는다. 오래전에 방영된 〈6백만 달러의 사나이(The Six Million Dollar Man, 1974~1978)〉라는 미국 드라마 시리즈는 사이보그 이야기의 원조 격이라 할 수 있다.

2 사이보그는 뇌 이외의 부분, 즉 팔다리와 내장기관 등을 교체한 개조인간을 뜻하며, '인공 두뇌학의'라는 뜻의 cybernetic과 '유기체'라는 뜻의 organism을 합성하여 만든 말이다.

우주비행사였던 주인공은 사고를 당해 두 다리와 한 팔 그리고 눈 하나를 기계로 대체한다. 그 비용이 6백만 달러나 들었다고 해서 제목도 6백만 달러의 사나이였다. 지금 환율과 물가상승률로 따지면 700억에서 1천억 원 정도 들었다고 볼 수 있다.

〈소머즈(The Bionic Woman, 1976)〉라는 드라마도 있었다. 주인공이 여성이라는 점, 기계로 만들어진 귀를 달았다는 점만 다를 뿐 〈6백만 달러의 사나이〉와 거의 같은 설정이었다. 이후 영화 〈로보캅(RoboCop, 1987)〉이 등장해 사이보그 드라마의 새로운 역사를 쓴다. 불의의 사고로 거의 죽음에 이른 경찰이 뇌를 제외한 신체 전체를 로봇화한 경우다. 인간의 신체 중에 남은 것이라곤 뇌밖에 없었다.

21세기를 대표하는 사이보그는 단연코 〈아이언맨(Iron Man)〉이다. 그가 입고 있는 수트는 엑소스켈레톤(exo-skeleton)이라 부르는 외골격 장갑복이다. 아이언맨이 자신의 신경을 통해 조작할 수 있다는 점에서 일종의 사이보그라고 할 수 있다. 게다가 그의 가슴에 박힌 파편을 통제하기 위해 신체에 심어둔 아크원자로도 그를 더욱 사이보그로 보게 만드는 장치다.

그렇다면 인공장기와 관련되어 미래에는 어떤 변화가 일어날까? 우선 인공 각막, 인공 고막 등은 이번 세기 안에 실현될 것으로 보인다. 그렇다고 지금 가진 감각을 더욱 키우기 위해서 인공눈을 달거나 인공귀를 달지는 않을 듯하다. 물론 눈과 귀에

아이언맨은 가슴에 박힌 쇠조각이 심장으로 파고드는 것을 막기 위해 아크원자로를 이식했다. 아크원자로는 일종의 상온핵융합장치인데, 사실 핵융합도 상온핵융합도 현실에서는 불가능하다.

이상이 있다면 해당 부위를 교체할 수 있을 것이다. 각막이나 유리체에 이상이 있을 경우 이를 대체하는 것은 지금도 다양한 방식으로 연구되고 있고 곧 실용화될 것이다. 다만, 망막의 시신경이 파괴된 경우에는 고난도의 기술이 필요하다. 한편 고막에 이상이 있는 경우, 인공 고막으로 대체하는 일은 그리 어렵지 않을 것이다. 만약 달팽이관에 이상이 생긴 경우에는 난이도가 높겠지만 말이다.

아무리 기술이 발달한다고 해도 시각 기능이나 청각 기능을 강화하는 것이 우리에게 큰 도움을 주지는 않을 것이다. 시력이 2.0만 되어도 충분한데 10.0이 된다고 생활에서 좋아질 게 없기 때문이다. 그런 수준으로 시력을 키워주는 기능은 망원경이나 현미경에서나 필요하다. 오히려 시력보다는 구글 글래스에 사용된 AR기능 같은 것들이 일상생활에 도움이 된다. 지금 자신이 보고 있는 사물에 대한 각종 정보를 얻는 기능이나 네비게이션 기능도 도움이 된다. 청각도 마찬가지로, 이어폰의 형태로 각종 정보를 제공하는 기술이라면 일상생활에 큰 도움이 될 것이다.

운동기관은 어떨까? 손이나 발 같은 운동기관의 일부를 상실한 사람이 인공 팔이나 인공 다리를 몸에 부착하는 것은 지금도 이루어지고 있다. 물론 지금의 의수나 의족보다 개선되는 점이 있어야 할 것이다. 우선 원래 자신의 신체인 것처럼 보여야 한다. 그러려면 인공피부나 손톱, 발톱 같은 것들을 얼마나 자연스럽게 만들어내느냐가 관건이다. 또 실제 팔이나 다리를 움직이는 것처럼 자연스러워야 한다. 내 몸처럼 의수나 의족이 움직이려면 신경과 연결되고 신경을 통해 전달되는 신호에 대해 제대로 반응할 수 있어야 한다. 그러기 위해서는 신경에서 발생하는 미세한 전기신호를 확인하는 감지센서 기술이 필요하고, 소형화된 모터가 실제 인간의 관절이 움직이는 방식대로 움직여야 한다. 마지막으로 가장 힘든 부분이 해결되어야 한다. 즉, 우리의 손을 이용해 실제 물건을 잡거나 들어 올리는 것처럼 제대로 구현해내는 일이다. 이는 정말 어려운 기술이라고 한다. 날계란을 집을 때와 벽돌을 집을 때 손가락에 가해지는 압력이 각각 달라야 하기 때문이다. 게다가 손가락에 만져지는 물체의 표면을 실제 손가락처럼 감지하는 기술도 필요하다.

### 신체를 대체하는 또 다른 기술, 인공장기

생명공학 분야에서는 신체를 대체하는 다른 방안을 연구 중이다. 즉, 진짜 팔이나 다리를 인간의 몸에 이식하는 것을 목표로 하고 있다. 본인의 세포를 배양해서 뼈와 신경 근육 피부를 만들어 원래의 팔과 똑같이 만들겠다는 것이다. 아직 가야 할 길이 멀긴 하다. 만약 실제로 가능해진다면 사이보그라는 말이 무색해질 수도 있다. 또 다른 방안으로는 3D프린터를 이용해서 뼈세포와 신경세포, 피부세포 등을 만드는 기술이 있다. 이것 또한 꽤 시간이 걸릴 것으로 생각된다.

만약 우리 몸에서 생명과 직접적인 관련이 있는 내부 장기들, 예를 들어 췌장이나 간, 쓸개, 콩팥, 방광, 폐, 심장 등에 치명적인 문제가 생겼을 때 대체 가능한 인공장기가 있다면 더없이 좋을 것이다. 지금도 장기 이식 수술로 일부 대체가 가능하지만, 기증자가 반드시 필요하다. 따라서 인공장기가 생명공학의 가장 중요한 연구 분야가 될 가능성이 높다. 자신의 세포를 이용해서 만들 수 있다면 거부반응도 없고, 원래 자신의 것처럼 맞춤하게 사용할 수 있기 때문이다.

현재 인공장기 기술은 세 가지 방향으로 연구가 이루어지고 있다. 먼저 이종장기 이식기술이다. 이것은 돼지나 원숭이 같은 다른 동물의 장기를 인간에게 이식하는 기술이다. 2016년 서울대 연구팀은 돼지의 췌도를 원숭이에게 이식하는 데 성공했다. 인슐린 분비를 담당하는 췌도 이식이 실제로 이루어질 수 있다면, 매번 주사로 인슐린을 공급해야 하는 제1형 당뇨병환자들에겐 복음과 같은 소식이 될 것이다.

이종장기 이식기술에서 핵심은 거부반응을 없애는 것이다. 사람 사이에 장기이식을 할 때에도 거부반응 때문에 서로 맞는 사람끼리만 할 수 있다. 이식 초기에는 거부반응 억제제 등을 투여해가며 조심스레 관리해야 한다. 만약 돼지의 장기를 이식하는 경우라면, 유전자 가위 기술로 거부반응을 억제하는 유전자를 끼워 넣는 식으로 진행된다. 현재 간, 췌장, 신장 등 장기 이식을 해야 하는 수많은 사람들이 자신에게 맞는 장기를 얻지 못해 고통받는 현실을 감안해 하루빨리 유전자 가위 기술이 실용화되길 고대한다.

하지만 면역 거부반응으로 인한 부작용 문제에서 이종장기 이식기술이 완전히 자유로운 건 아니다. 자기에게 맞는 장기를 이식받을 때까지 임시변통의 역할을 하는 정도다. 물론 당장 목숨이 경각에 달린 이들에겐 그것만으로도 엄청난 도움이 되는 것이 사실이다.

영구히 거부반응에 대한 걱정 없이 쓸 수 있는 장기를 만들려면 자신의 세포 및 생체 재료를 이용하여 장기를 개발하는 기술이 필요하다. 이종장기 이식기술과 함께 줄기세포를 이용하는 기술도 있다. 줄기세포는 다시 두 가지로 나뉜다. 엄마의 배 속에서 수정란이 착상한 후 사람의 모양을 갖추기 전인 배아 상태일 때의 줄기세포를 배아줄기세포라고 한다. 배아줄기세포는 어떤 세포로도 자유자재로 변할 수 있는 만능줄기세포다. 하지만 성인에게는 배아줄기세포가 없고, 이미 정해진 형태의 세포로만 만들어지는 성체줄기세포만 있다.

현재 줄기세포 연구에서는 성체세포를 가지고 배아줄기세포를 만드는 데 집중하고 있다. 장차 인간이 될 수도 있는 배아줄기세포를 마음대로 사용하는 것에 윤리적 문제가 뒤따르기 때문이다. 만약 이 연구가 결실을 맺게 된다면 자신의 세포를 가지고 줄기세포를 만들 수 있게 된다. 그리고 자신의 몸에서 추출한 줄기세포를 배양해 어떠한 거부반응도 일으키지 않는 장기를 만들어 대체할 수 있게 된다.

현재는 실험용으로 배양하는 초소형 장기를 만드는 데까지 연구가 진행되었다. 이런 초소형 장기를 오르가노이드(organoid)라고 한다. 2013년에 일본 요코하마시립대 의학대학원의 다카베 다카노리 교수는 간세포를 만들어 내피세포 등을 이용해 간의 싹을 만들었다. 그리고 동물의 병든 간 주변에 간의 싹을 이식하자 혈관이 연결되면서 실제 간으로서의 기능을 했다고 한다. 한국생명공학연구원 손미영 박사도 미니 창자인 '소장 오르가노이드'를 만든 바 있다.

마지막으로 3D 바이오프린팅을 이용한 연구도 활발하게 진행 중이다. 미국의 생명공학회사 오가노보(Organovo)는 세포로 구성된 바이오잉크를 사용해 아주 작은 인공 간인 '엑스 바이브(Ex Vive) TM'을 제작했다. 2014년부터 신약개발용으로 판매 중이다. 2016년에는 울산과학기술원과 미국의 웨이크포레스트 재생의학연구소(Wake Forest Institute for Regenerative Medicine)에서 길이 0.25밀리미터의 인공심장을 만들었다. 오르가노이드와 3D바이오프린팅 기술을 결합하는 연구도 추진 중이라고 한

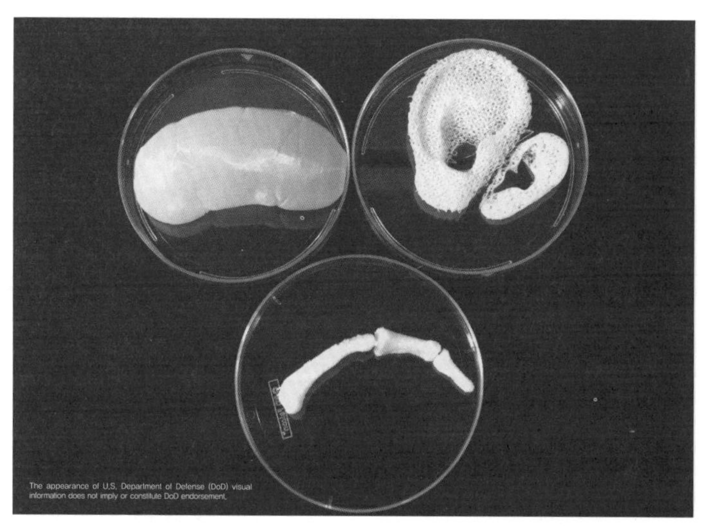


미 웨이크포레스트 재생의학연구소에서 3D 프린팅으로 만들어낸 신장, 귀, 손가락뼈의 구조. 미 육군은 재생의학과 3D 바이오프린팅에 큰 관심을 가지고 있다.

다.[3] 그러나 이 기술은 피부나 뼈와 같은 조직을 만들어내는 연구에는 비교적 용이하지만, 내부 장기를 만들기에는 꽤 많은 난관을 극복해야 할 것으로 보인다.

인공장기 기술은 원래 전자공학과 기계공학 분야에서 먼저 시작되었지만, 최근에는 생명공학 분야로 주도권이 넘어온 듯하다. 이 기술은 결국 자기 세포를 배양하여 거부반응 없는 인공장기를 만드는 방식으로 귀결될 것으로 보인다.

3 한국경제, 2018년 9월 3일, '인공장기 기술 발달로 인류의 생명연장 꿈도 커졌어요' https://www.hankyung.com/news/article/2018083165091

### 인공자궁 개발은 얼마나 걸릴까

대리모 대신 인공자궁은 어떨까? 현재의 기술 수준을 먼저 확인해보자. 다들 알다시피 수정, 즉 정자와 난자가 만나 수정란이 되는 과정은 이미 인체의 밖에서도 가능해졌다. 처음에는 불임부부를 위한 대책이었다. 불임의 원인은 크게 두 가지인데, 하나는 정자에 문제가 있는 경우고, 다른 하나는 난관에 문제가 있는 경우다.

정자가 너무 적거나 활동성이 떨어진다면, 정자를 채취해서 여성의 난관 상부에 주입해 문제를 해결하면 된다. 정자가 약해 질에서 난관 상충부로 이동을 하지 못할 때 배달을 해주는 것이다. 이런 경우를 체내 인공수정이라고 한다.

난관에 문제가 있다면 다른 방법이 필요하다. 우선 임신이 되려면 수정란이 난관을 지나 자궁까지 와서 착상을 해야 한다. 이때 난관이 협소하거나 다른 문제로 인해 난자가 난관을 지나지 못하면 임신이 어렵다. 이런 경우에는 난자와 정자를 따로 채취해서 인체 외부에서 수정란을 만든다. 그리고 어느 정도 세포분열이 진행되어 포배 상태가 되면 자궁에 주입한다. 이런 방법을 체외 인공수정이라고 한다.

인큐베이터를 이용하는 방법도 있다. 원래 태아는 엄마의 배 속에서 열 달을 채우고 나와야 한다. 인큐베이터는 조산을 하는 경우 외부의 자극과 오염을 차단해주고 정상적으로 발육할 수 있도록 미숙아를 보호하는 시설이다. 주로 임신 7~8개월째에 엄마 배 속에서 나온 미숙아들이 머무는 곳이다.

그보다 임신 기간이 더 짧은 경우에도 태아를 살려낼 수 있다. 임신 25주, 즉 약 5개월 만에 태어나는 초미숙아도 제대로 된 의료시설에서 관리된다면 50퍼센트 이상의 확률로 정상적인 신생아가 될 수 있다. 어른 손바닥 정도의 크기에 겨우 300그램 남짓이었던 아이가 약 3킬로그램으로 성장해 건강하게 퇴원할 수 있는 것이다.

결국 인공자궁 기술이 성공을 거두려면 포배 상태에서 5개월 사이의 단계가 순조롭게 이루어져야 한다. 현재 인간의 수정란을 최장 기간 배양한 기록은 13일 정도다. 초미숙아의 경우 임신 21주가 최고기록이다. 즉, 2주에서 21주에 이르는 19주, 대략 4개월이라는 기간이 비어 있다. 현재 과학기술로는 임신 초기 4개월 사이의 기간에 태아를 체외에서 발생시키는 과정을 수행할 수 없다는 말이다. 또 인간을 대상으로 실험할 순 없는 노릇이다. 그래서 다른 포유류를 통한 실험이 이루어지고 있다. 2017년에 미국에서 약 22~24주의 인간 태아와 비슷한 크기의 양을 일종의 인공자궁에서 키워내는 데 성공한 사례가 있다. 이외에도 다양한 연구가 이루어지고 있다.

물론 현재의 과학기술로 수정란을 완전한 태아로 성숙시키는 과정 전체를 체외에서 이루어내는 것은 굉장히 힘든 일이다. 현재의 인큐베이터는 태아가 스스로 호흡할 수 있다는 것을 전제로 만들어진 장치다. 폐도 형성되기 전의 상태라면 생명을 유지시키는 것이 완전히 불가능하다는 이야기다. 그리고 이는 단순히 호흡만의 문제는 아니다. 현재의 과학기술로는 배아에서 기관이 어느 정도 형성되기 전의 상태에서 일어나는 여러 가지 변화에 대한 능동적 대처가 대단히 어려울뿐더러 엄청난 비용을 지불해야 한다. 따라서 현시점에서는 불가능하다고 볼 수밖에 없다.

결국 올더스 헉슬리(A. L. Huxley)의 소설 《멋진 신세계(Brave New World, 1932)》에 등장하는 인공자궁과 거대한 아기 생산 공장 같은 곳은 현실적으로 불가능하다. 그러나 현재의 인큐베이터 기술로도 25주 정도의 초미숙아를 건강하게 키워낸 경우가 있다고 한다. 이를 더욱 보완해 거의 100퍼센트에 가까운 인큐베이터를 만들어낸다면, 그래서 성인 여성의 출산 성공률보다 높은 성공률을 이뤄낸다면, 새로운 논쟁이 벌어질 여지가 있다. 바로 임신 중절 또는 낙태 문제다.[4] 만약 수정란 상태에서 인공자궁을 통해 태아를 충분히 키워낼 수 있다면, 일부 종교에서 주장하는 것처럼 수정란 상태부터 하나의 생명으로 보아야 한다는 주장에 힘이 실릴 수도 있다.

---

**4** Vox, 2017년 8월 23일, 'Artificial wombs are coming. They could completely change the debate over abortion'
https://www.vox.com/the-big-idea/2017/8/23/16186468/artificial-wombs-radically-transform-abortion-debate

그런데 체외 인공수정이 가능해지면서 수정란을 자궁에 이식만 하면 어떤 여성이든 출산을 할 수 있게 됐다. 우리나라의 경우는 드물지만 전 세계적으로 대리모가 하나의 산업으로 성장했다. 실제로 인도나 동남아에서 많은 여성들이 대리모 역할을 하고 있다. 건강상 임신이 힘든 제1세계의 여성들이나 동성 부부를 대신해 임신과 출산을 하는 것이다. 인도의 경우 2002년부터 대리모 사업이 합법적으로 허용되었다. 저소득층의 한 달 생활비가 6만 원 정도인 인도에서 대리모를 역할을 하게 되면 한 번에 800만 원 정도의 수입을 올릴 수 있다. 거의 10년 치 수입에 해당되는 금액이다. 대리모 산업 전체적으로 보면 1년에 5천억 원 규모다. 한 해 수천 명의 아이가 대리모를 통해 태어나는 것으로 추정되고 있다.[5] 당연히 수많은 사람들의 비난이 쇄도했다. 결국 2017년 인도 정부는 외국인과 동성 부부를 위한 대리모 출산에 대해 규제하기 시작했지만, 대리모 시장이 사라지기보다는 음성화되기만 할 뿐이다.

인공자궁은 바로 이런 문제를 해결하기 위해 도입될 것이다. 건강 등의 이유로 임신이 불가능한 여성이 자신의 유전자를 가진 아이를 원할 때, 또는 동성 부부나 평생 독신으로 살려는 이들이 아이를 원할 때 인공자궁은 좀 더 '윤리적'으로 문제를 해

**5** KBS, 2017년 7월 15일, '글로벌리포트, 자궁을 빌려드립니다, 인도 대리모 뜨거운 논란'
http://news.kbs.co.kr/news/view.do?ncd=3516608

결할 수 있는 방법이 된다. 물론 당장 일어나는 일은 아니다. 앞서 살펴본 것처럼 임신 초기 두 달 정도에 체외 배양이 불가능하다는 문제가 해결되어야 가능하다. 동물 실험을 통해 계속 연구가 진행되겠지만, 초기 두 달의 문제는 해결에 최소한 10년 이상의 기간이 필요할 것이다. 게다가 동물 실험을 통해 성공한다고 하더라도, 안정적인 시스템이 구축되는 과정도 필요할 것이고, 인간 수정란에 적용하는 과정도 꽤 오래 걸릴 것이다. 결국 최소 30년 이상 걸리는 일이라 할 수 있다.

3

# 암에 잘 걸리는 나이가 따로 있는 이유는 뭘까?

## <버킷리스트>로 보는 암 치료의 발전

카터에게,

자네의 버킷리스트 때문에 전 세계를 돌아다녔지. 다 늙은 노인네 두 명이 뭐가 좋다고 죽이 맞아서 그리 다녔는지.

비행기에서 뛰어내리기도 했지. 자네가 비행기에서 울상이 된 꼴을 찍어뒀어야 했어. 그걸 자네가 봤어야 하는데 말이야. 오줌은 안 지렸나 몰라, 큭큭. 북극 얼음 위를 비행기로 건너기도 했지. 밤하늘에 피어오르는 오로라는 장관이었어. 같이 있는 게 늙다리 자네라는 것이 안타까운 일이었지.

모나코에선 세상에서 가장 훌륭한 레스토랑에서 정말 멋진 식사를 했어. 자네 내 별장을 보더니 눈이 둥그레지더군. 세렝게티에선 사자와 맞섰지. 총을 한 방 쏘긴 했지만 그냥 겁을 준 것뿐이었지. 우리 좋으라고 남의 생명을 취할 순 없잖아. 피라미드에도 올라갔지. 그때 자네가 시답잖은 질문을 하는 바람에 괜히 찜찜하기도 했어. 타지마할도 가고, 만리장성에선 오토바이를 몰아보기도 했지. 티베트와 홍콩도 갔고. 홍콩에서 자네를 놀려주었던 건 여행의 백미였다네.

자네는 결국 떠났군. 빌어먹을 암이 자네 뇌까지 번졌지. 한 10년은 더 살 수 있을 것 같더니만. 결국 자네의 버킷을 차버린 건 암이었어.[6] 하지만 조금만 기다리게. 나도 자네에게 갈 날이 얼마 남지 않은 것 같아. 그때까진 실컷 즐기다 가겠네. 그래야 자네에게 해줄 이야기도 많이 만들 수 있겠지.

자네의 친구, 에드워드.

### 노년층이 암에 잘 걸리는 이유

인간에게 건강한 삶은 무엇보다 소중하다. 앞에서는 신체의 일부를 잃거나 기능을 상실했을 때 해당 부위를 인공적으로 대체하는 사이보그 기술에 대해 알아보았다. 그런데 현대인의 건강을 가장 위협하는 암에 걸린다면 이런 방법도 소용없어진다.

6 버킷리스트는 'kick the bucket'이란 영어 숙어에서 파생된 말이다. 목을 매어 자살할 때, 양동이 위에 올라가 목을 밧줄에 매고 양동이를 발로 차서 죽는 것에서 유래한 말이라고 한다. 또는 죄수들을 교수형 시킬 때 양동이를 걷어찼는데, 그전에 죄수의 마지막 소원을 들어주었다는 것에서 유래했다고도 한다.

암 또는 악성종양은 세포주기가 조절되지 않아 세포분열을 계속하는 질병이다. 인체 내의 어느 조직에서나 발생할 수 있기 때문에 종류도 대단히 다양하다.

인간의 몸을 구성하는 가장 기본적인 단위는 세포다. 정상적인 세포가 만들어지면 처음에는 성장하고, 일정 시간이 지나면 성장을 멈추거나 죽는 과정을 엄격히 따른다. 적혈구의 수명은 약 120일이고 백혈구는 20일이다. 피부세포는 2~4주 정도고 두피세포는 두 달 정도다. 심장근육이나 뇌세포의 경우는 성장을 멈추는 대신 수명이 거의 신체 나이와 동일하다.

세포가 손상되었을 때 정상적으로 회복되지 않으면 스스로 죽게 된다. 또 세포는 모두 일정한 범위 안에서 각자 주어진 분열 횟수가 있어, 그에 따라 세포분열을 통한 생장을 멈추게 된다. 그런데 여러 이유로 생장 억제가 조절되지 않는 비정상적인 세포들이 나타나는 경우가 있다. 이들 세포는 정해진 수명 없이 영양분을 섭취하는 한 영원한 생명을 가지고 분열도 멈추지 않는다. 이렇게 세포가 분열을 통해 끊임없이 증식하게 되면 주변의 다른 조직이나 장기에 침입하고 그 결과로 정상적인 조직이 파괴되는데, 이를 암이라고 한다.

암을 발생시키는 다양한 원인 중 발암물질이 암을 일으키는 과정은 보통 세 단계로 나눈다.

먼저 1단계는 발암물질이 인체 내 세포의 DNA를 공격하여 돌연변이를 유발하는 과정이다. 이런 과정은 사실 우리 인체 내에서 하루에도 수십 번 이상 일어난다. 그러나 대부분 인체 내의 면역 시스템이 돌연변이를 일으킨 세포를 찾아 파괴하기 때문에 건강한 사람이라면 이 정도로 암이 발생하지는 않는다. 발암물질에 과도하게 노출되는 경우에는 인체 내 면역 시스템이 감당하기 어려울 정도로 돌연변이 세포가 증가하게 되어 문제가 발생한다. 또 사람에 따라서는 유전적으로 특정암에 걸리기 쉬운 경우도 있다. 보통 가족력이라고 한다.

다음으로 2단계는 암 유발 촉진 단계다. 우리 주변의 다양한 물질 중에는 '종양촉진제' 역할을 하는 물질들이 있다. 촉진제들은 종양세포들이 세포분열을 더욱 빨리 진행하도록 유도하여 크기를 키운다. 대표적인 물질로는 TPA(12-O-Tetradecanoylphorbol-13-acetate)라는 것이 있다. 이 단계에서는 아직 악성은 아니고 양성종양이 나타나게 된다.

마지막으로 3단계는 암 진행 단계로, 양성종양에서 악성종양으로 전환되는 과정이 진행된다. 이때 암 유전자와 암 억제 유전자의 돌연변이가 점차 증가하며, 염색체 이상이 나타나게 된다.

물론 세 단계가 분명히 구분되는 것은 아니고, 발암 과정 중 각 단계에서 지배적인 요인들이 동시에 오랫동안 지속된다. 그리고 이러한 변화는 얼마나 많은 위험요인에 얼마나 오랫동안 노출되느냐에 따라 다양하게 나타난다. 보통 20~30년에 걸쳐 여러 종류의 유전자 변이가 축적되면서 암이 발생한다고 보고 있다. 또한 앞서 말한 것처럼 인체의 면역 기능이 약해지는 것도 한 원인이다. 인체의 정상적인 면역 기능이 발휘된다면 종양세포 1천만 개까지는 파괴할 능력을 갖고 있다. 그러나 검진으로 발견되는 정도의 암은 최소 10억 개 이상의 종양세포를 포함하고 있기 때문에 인체 내 면역 기능만으로는 감당이 되질 않는다.

그래서 나이가 들면 발암물질에 대한 노출도 오래되고, 면역 기능도 약해져서 암이 발생하게 된다. 특히 20세기 이후 비약적으로 발전한 의학과 풍부한 영양 등으로 인류의 평균수명이 전례 없이 길어지면서, 암이 노년의 삶을 가장 크게 위협하는 존재로 떠오르게 된 것이다. 실제로 다른 질환에 비해 노년층에 집중적으로 발병하는 것이 암이다.

### 불멸의 헬라세포가 품은 슬픈 뒷얘기[7]

영화 〈300(2006)〉에서 그리스를 침공하는 페르시아 정예 부대의 별명은 '죽지 않는 사람'을 의미하는 아타나토이(Athanatoi)다. 1만 명의 정원을 유지하면서 병사가 죽거나 다치면 예비병력을 충원해 항상 그 인원수를 유지했기 때문에 붙은 명칭이다. 아타나토이를 영어로 옮기면 '임모탈(immortal)'이라고 한다. 이후 〈300〉의 제작진은 그리스 신화 속 불멸의 신들을 다룬 〈신들

7 《헨리에타 랙스의 불멸의 삶》, 레베카 스클루트 지음, 김정한·김정부 옮김, 문학동네

의 전쟁(Immortals, 2011)〉라는 영화를 제작하기도 했다. 임모탈(불멸자)이란 말 자체가 모탈(mortal), 즉 필멸자란 단어 앞에 부정을 의미하는 접두어 'im-'을 붙여서 만든 단어다. 물론 불멸이라는 것이 현실에서는 불가능한 일일 것이다.

그런데 조금 억지를 쓴다면 불멸이라는 것도 존재하긴 한다. 헬라세포라는 것을 들어보았는가. 암에 대해 정확히 알지 못하던 20세기 초에는 단순히 암을 악성종양으로만 여겼다. 악성종양을 연구하던 과학자들은 인체 내에서는 매우 빠르게 증식하던 종양세포가 실험실로 가져오기만 하면 며칠 지나지 않아 모두 죽어버리는 현상 때문에 골머리를 앓았다. 그러던 중 1951년 미국에서 헨리에타 랙스(Henrietta Lacks)라는 자궁경부암 환자의 종양세포를 얻은 생물학자 조지 오토 가이(George Otto Gey)는 헨리에타의 종양세포 일부가 실험실에서도 살아서 증식하는 것을 발견했다. 그는 그 세포 중 하나를 분리해 증식시키고 헨리에타 랙스의 성과 이름의 앞 글자를 따 헬라세포(HeLa Cell)라고 발표했다. 헬라세포는 몇십 번, 몇백 번을 분열해도 죽지 않는 불멸의 세포, 즉 '임모탈' 세포였던 것이다. 지금은 다른 암세포들도 있지만, 헬라세포는 사람의 암세포로는 최초로 인체 외부에서 증식한 세포다. 이뿐 아니라 1955년에 헬라세포는 복제에도 성공한다.

이후 헬라세포는 암, 에이즈, 유전자 지도 작성, 독성 물질과

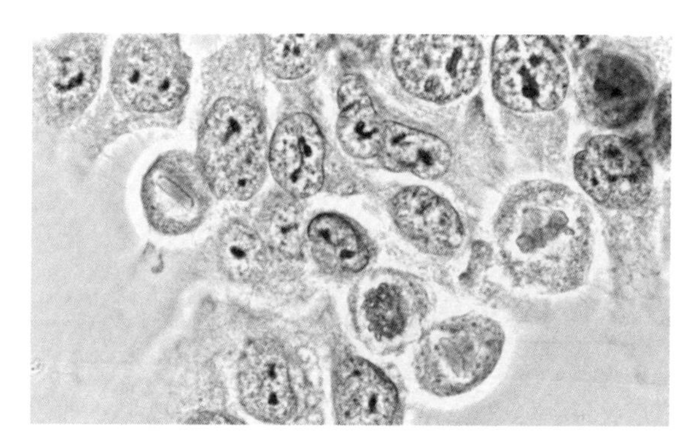

연구를 위해 배양 중인 헬라세포. 광학현미경으로 본 모습이다.

방사능의 영향에 대한 연구 등 다양한 의학 연구에 활용된다. 최근에는 화장품, 접착제, 테이프처럼 사람이 접촉하는 물질에 대한 민감도를 검사하는 데도 쓰이고 있다. 이 세포를 이용한 연구는 전 세계적으로 6만 개 이상의 논문으로 출판되었고, 한 달에만 300개 이상 추가되고 있다.

헬라세포는 한 개인의 악성종양에서 기원한 세포였지만 지난 70년 동안 끊임없이 증식하며 전 세계로 퍼져나갔다. 지금은 암을 연구하는 전 세계의 연구소 어디에서나 헬라세포를 활용하고 있다. 지금 이 순간에도 세계 어디에선가 끊임없이 증식하고 있다. 그야말로 불멸의 삶을 살고 있는 세포라 할 수 있다. 어디 불멸뿐이겠는가. 지금껏 증식된 세포의 질량을 모두 합치면 5천만 톤이 넘는다. 헬라세포가 암 연구 및 의학, 생물학 연구에 지대한 공헌을 한 것은 분명한 사실이다.

헨리에타 랙스의 1945년경 모습.
그녀는 1951년 사망했다.

하지만 조금 달리 생각해보자. 그 세포의 원래 주인이었던 헨리에타 랙스는 미국 버지니아주 작은 마을에서 태어난 흑인 여성이었다. 그녀는 초등학교를 졸업하고 얼마 지나지 않아 열네 살에 첫 아이를 낳고 서른한 살에 자궁의 이상 증세를 느꼈다. 당시 흑인을 치료해주는 유일한 병원이었던 존스홉킨스(Johns Hopkins) 병원에 입원을 했고, 얼마 지나지 않아 사망했다. 마침 그녀의 주치의는 자궁경부암을 연구하고 있었고, 그녀의 동의도 없이(!) 세포의 일부를 병원의 조직배양 책임자에게 보냈다. 그녀는 그 사실을 전혀 몰랐을 것이다. 그녀가 사망하고 1970년대가 될 때까지 가족들조차 그 사실을 모르고 있었다. 존스홉킨스 병원과 전 세계의 모든 암 연구자들은 그 세포가 핸리에타 랙스의 세포라는 걸 알고 있었지만 말이다. 연구진들에게 그 세포는 그저 연구용 재료일 뿐이었다. 심지어 그녀와 가족은 세포를 제공한 어떠한 대가도 받지 못했다.

2013년, 유럽분자생물실험실에서 헬라세포의 유전자 염기서

열을 완전히 해독한 자료를 공개했다. 그러자 헨리에타의 유족, 과학자들과 생명윤리학자들은 이를 강하게 비판하고 나섰다. 헨리에타의 후손들이 물려받았을지도 모를 유전적 특성을 노출할 수 있다는 걸 알면서도 공개했기 때문이다. 이후 유럽분자생물실험실에서는 해당 자료를 공개 데이터베이스에서 삭제했다. 그러나 이미 며칠 만에 유전자 염기서열을 해독하는 일이 가능한 세상에서 헨리에타와 유족들의 유전정보가 누구에게든 쉽게 파악될 수 있다는 점을 상기해야 한다. 이 일은 원칙적으로는 보호받아야 하는 주민등록번호와 개인정보가 수없이 많은 해킹으로 인해 이미 '공공재'가 된 것과 비슷하다. 지금은 세포를 제공받을 때에는 반드시 제공자의 동의를 얻을 뿐만 아니라 어떠한 개인정보도 연구자들에게 공개하지 않는다고 한다.

### 암 치료에서도 나타나는 빈익빈 부익부 현상

통계청에서 발표한 우리나라의 〈2017년 사망 원인 통계〉에 따르면 사망 원인 1위인 암으로 사망하는 사람이 인구 10만 명당 150.8명이라고 한다. 10만 명당 55.6명으로 2위를 기록한 심장질환의 거의 세 배에 달하는 수치다. 심지어 2위에서 4위까지 사망률을 합한 것보다 암에 의한 사망이 더 많을 정도로 압도적이다. 암 중에서는 위암이 가장 많고, 다음 순위는 갑상선암, 대장암, 폐암, 간암, 유방암 등이 차지하고 있다.

우리나라뿐만 아니라 전 세계적으로 암 연구에 투자되는 비용은 어마어마하다. 미국의 경우 정부의 의료연구 지원 비용 중 3분의 1 이상이 투자되고 있다. 최근에는 암에 대응하는 신기술도 다양하게 등장하고 있다. 암은 다른 질환에 비해 치료방법이 다양하고 복잡하다. 암의 발생 부위, 진행 정도, 환자 상태에 따라 처방하는 항암제도 다양하고, 비율도 다르다. 다른 질환에 비해 부작용이 생길 가능성도 꽤 높다. 그래서 치료의 효과를 최대화하면서 부작용을 최소화하는 방법을 선택해야 한다.

암 치료는 수술, 항암화학요법, 방사선 치료의 세 가지로 구분된다. 방사선 치료의 경우에는 부작용이 워낙 심해서 특별한 경우가 아니면 수술과 항암요법 위주로 치료한다. 이 외에 국소치료법, 호르몬요법, 광역학치료법, 레이저치료법 등도 사용되고 있다. 혈액종양을 치료하기 위해 조혈모세포 이식 치료법도 쓰이고 있다.

암은 초기에 발견해서 해당 부위를 절제한 뒤 적절하게 항암치료를 하는 것이 가장 좋은 대처법이다. 특히 우리나라에서 가장 많이 발생하는 다섯 가지 암인 위암, 갑상선암, 대장암, 폐암, 간암, 유방암은 모두 정기검진을 통해 비교적 초기에 진단을 받을 수 있다. 대부분 장기 전체를 도려낼 필요가 없어 큰 부담이 되지 않는다. 다만 늦게 발견되어 신체의 곳곳에 전이된 말기암의 경우에는 현재 의료 수준에서 손 쓸 방법이 별로 없다.

따라서 많은 이들이 암을 조기에 발견하기 위해 정기적으로 암 검진을 받고 있다. 정부에서도 건강보험 가입자를 대상으로, 그러니까 거의 전 국민을 대상으로 주요 암에 대한 정기검진을 실시하고 있다. 만 40세 이상은 2년마다 위암 검사를 실시해야 하고, 간암은 6개월 주기로 실시해야 한다. 하지만 국가 암 검진 대상인 5대 암, 즉 위암, 대장암, 간암, 유방암, 자궁경부암 이외에는 각자 검진을 받아야 한다. 비용도 많이 들고 시간을 내기도 힘든 것이 사실이다. 특히 위암은 위 내시경, 간암은 복부초음파, 대장암은 대장내시경을 통해 검진을 받아야 하므로 까다롭고 불편하기도 하다.

그런 데다 가난한 사람일수록 조기 검진을 잘 받지 못하는 것이 현실이다. 이를 반영하기라도 하듯, 일정 수준의 재력을 갖춘 사람들은 정기검진을 통해 조기에 암을 발견하기 때문에 암으로 인한 사망률이 낮고, 가난한 이들은 암이 한참 진행된 뒤에야 겨우 발견하기 때문에 암으로 인한 사망률이 높다고 한다. 특히 기존의 치료방법으로 완치가 힘든 경우에는 새로운 치료약을 쓰거나 시술을 받아야 한다. 그런데 그 비용이 몇백만 원, 몇천만 원이 들 정도로 비싸고, 의료보험 혜택도 주어지지 않는 경우가 있어서 문제가 되고 있다. 암 치료에서도 빈익빈 부익부 현상이 나타나고 있는 것이다.

## 암 진단과 치료 기술은 어디까지 왔는가

만약 여러 종류의 암을 간편하게 그리고 한번에 검진할 수 있다면 얼마나 좋을까? 당연히 그러한 연구가 진행 중이다. 현재 가장 각광받는 것은 혈액을 통한 암 검진이다. 전문용어로는 액체 생검(Liquid Biopsy)이라고 한다.

원리는 간단하다. 암은 외부 세균이 아니라 우리 몸의 세포 중 일부에서 돌연변이가 생겨 발생하는 것이다. 세포의 유전자에 돌연변이가 발생하여 세포가 정상적인 범위를 벗어나 과도한 성장을 하는 것이다. 이 과정에서 암세포는 변형된 DNA의 일부를 혈액 속에 떨어뜨리게 된다. 만약 혈액 속 DNA를 확인할 수 있으면 암 발생 여부를 진단할 수 있다는 원리다.

그러나 암 발생 초기에는 암세포의 수가 적어서 혈액으로 흘러들어가는 DNA 양도 적다. 암마다 돌연변이 DNA도 다르다. 이를 모두 검진해내기란 꽤 어려운 일이다. 그런데 2018년 미국 존스홉킨스의과대학 연구팀에서 종양이 아직 퍼지지 않은 환자 1,000여 명을 대상으로 혈액검사를 실시해서 70퍼센트의 환자에게서 여덟 종류의 암을 확인했다고 발표했다. 일본과 이탈리아 등에서도 혈액검사로 암을 조기에 진단하는 연구를 진행했고 일정한 성과를 올렸다고 한다. 이러한 추세로 보면 아마도 2040년이 되기 전에 사망 원인 10위 안에 속하는 암들을 혈액검사만으로 조기에 발견하는 일이 현실화될 것으로 보인다.

혈액을 통해 간편하게 조기 검진을 할 수 있다면 암 치료를 위한 어떤 획기적인 방법보다 우리에게 많은 도움이 될 것이다. 물론 암 치료에 획기적인 진전이 있다면 그것도 좋은 일이다. 이미 지난 몇십 년간의 암 연구를 통해 암 치료에도 많은 발전이 있었다. 이제 조기에 암을 발견할 수만 있다면 대부분의 암을 완치할 수 있고, 비용도 예전만큼 많이 들지 않는다. 주변에서 암이 상당히 진행된 환자들이 얼마나 긴 시간 동안 많은 돈을 써가며 힘들게 치료를 받는지 지켜본 사람은 알 것이다.

앞서 언급한 것처럼 암 정복에 있어 가장 중요한 것은 조기 검진이다. 앞으로 10년 정도만 기다리면 혈액 몇 방울만으로 대부분의 암을 조기 검진하는 날이 올 것이다. 1년에 두 번 30분 정도의 시간만 내면 된다. 보건소나 인근 병원에서 독감 백신을 맞는 것처럼 말이다. 19세기부터 20세기 초까지 우리나라에서는 천연두, 홍역, 결핵, 콜레라 같은 전염병이 사망의 주 원인이었다. 그런 전염병들이 사라진 것은 치료법이 개발되었기 때문이 아니라 사전에 병에 걸리지 않게끔 백신을 개발했기 때문이다. 마찬가지로 암도 조기진단을 통해 90퍼센트 이상 완치될 수 있을 것으로 희망해본다.

조기진단과 함께 이미 진행된 암을 치료하는 방법에 대한 연구도 계속 발전하고 있다. 1970년대만 하더라도 암은 수술을 통해서 제거하는 방법 외에는 별다른 치료법이 없었다. 전이라도 되었다면 그냥 죽음을 기다릴 수밖에 없었다. 현재는 의료기술이 발달하고 다양한 방법들이 연구되면서 어느 정도 진행된 암일지라도 치료의 가능성이 더 높아졌다.

현대의 암 치료는 여러 방법을 복합적으로 이용하는 것이 특징이다. 먼저 암이 발생한 범위를 수술을 통해 제거하고, 항암제를 이용해서 암의 성장을 억제하는 것이 기본적인 치료법이다. 항암제도 암의 종류와 환자의 상태에 따라 다양한 종류를 사용한다. 한때 병원에서 사용하던 항암제는 화학항암제여서 암세포와 함께 정상세포까지 공격해 많은 부작용을 일으켰다. 흔히 암 환자라고 하면 머리가 빠지고 혈색이 창백해지는 것을 떠올린다. 바로 초기 항암제의 부작용 때문이다.

표적항암제가 등장하면서 화학항암제의 부작용들은 조금씩 극복되었다. 표적항암제는 암세포만 골라서 죽일 수 있다. 하지만 표적 자체가 제한적이어서 다양한 종류의 암에 적용하기 힘들고, 내성이 생기면 치료효과가 급격히 떨어진다는 문제점이 있었다. 그러한 단점을 3세대 면역항암제가 등장해 해결하고 있다. 이 약은 암 환자의 면역력을 키워 암과 싸우는 힘을 키워주는 치료제로서, 부작용도 적고 내성에 대한 염려도 없다는 장점이 있다. 2018년 미국의 제임스 앨리슨(James P. Allison) 교수와 일본의 혼조 다스쿠(本庶佑) 교수는 면역 항암 치료법을 개발한 공로로 노벨 생리의학상을 받았다.

나노 로봇을 이용한 치료법도 개발되고 있다. 나노 로봇은 인체 내의 세포 크기와 비슷하거나 좀 더 작은 로봇이다. 2018년 2월에 애리조나주립대학교(University of Arizona)에서는 유방암에 걸린 생쥐 혈관에 나노 로봇을 투입해 종양 크기를 줄이는 데 성공했다. 암을 추적하는 DNA 여러 개를 이어 원통형 나노 로봇을 만들고, 그 안에 혈액 응고 효소를 넣어서 혈관에 투입하는 방식이다. 이 로봇은 다른 혈관은 건드리지 않고 악성종양의 혈관에서만 혈액을 응고시켜 막아버린다. 그러면 암세포가 혈액을 통해 영양공급을 받지 못해 괴사하게 된다. 동물 실험에서 유의미한 성과를 거두었고 후속 연구도 이어지고 있다.

알파핵종 표적치료라는 기술도 개발 중이다. 알파핵종 표적

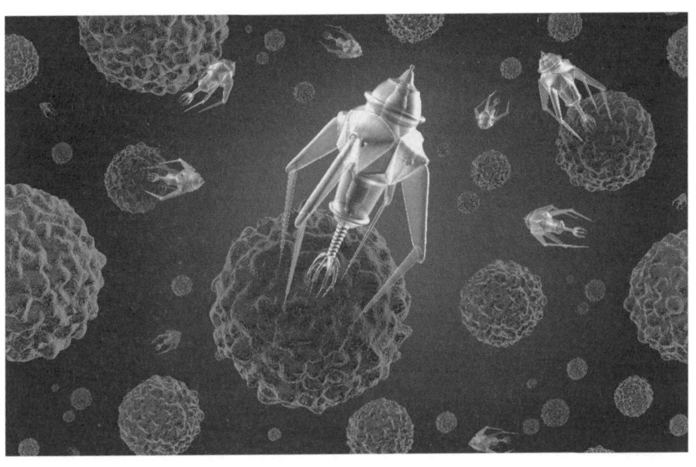

나노 로봇은 주변 환경을 조사하고 수집한 정보를 저장할 수 있는 단계까지 왔다. 임무를 마치면 보통 체내에서 분해된다.

치료는 원자핵 분열과정에서 만들어지는 알파입자(헬륨의 원자핵)를 이용한 치료이며, 방사성 동위원소에 암세포를 추적하는 항체를 부착해 몸에 투입하는 방식이다. 항체가 암세포를 찾아가 붙으면 방사성 동위원소가 폭발하면서 암세포를 괴멸시키는 원리를 이용한 것이다. 이전까지는 베타핵종 동위원소만 이용되었지만, 알파핵종 동위원소를 사용하면 파괴력은 훨씬 세면서 범위는 더 좁고 정밀하게 치료하는 것이 가능해진다. 배타핵종 표적치료란 원자핵 분열과정에서 나오는 베타입자(속도가 아주 빠른 전자)를 이용한 방법이다.

이렇게 암의 조기 진단 기술이 발달하고 다양한 항암제가 개발됨에 따라 암이 치명적 결과로 이어지는 비율도 현저히 줄어들고 있다. 2030년 정도면 암에 의한 사망률도 크게 줄어들 것으로 예상하고 있다. 그러나 만약 현재의 의료 기술로는 도저히 치료할 방법이 없는 질병이라면 어떻게 해야 할까? 그 대안으로 어떤 이들은 냉동인간 기술을 이야기한다. 먼 훗날 지금은 고칠 수 없는 질병을 쉽게 고치는 시대가 올 때까지 얼려놓자는 생각이다. 이 냉동 인간 이야기는 뒤에서 더 자세히 다뤄보도록 하겠다.

## 4

# 치매 같은 뇌 질환은 왜 치료하기 힘들까?

### 〈내 머리 속의 지우개〉로 보는 뇌 과학

수진: 나 때문에 울게 하기 싫었는데, 당신 슬퍼하는 모습 보기 싫은데, 행복하게만 해주고 싶었는데, 내가 결국 당신 마음 아프게 하네요. 할 말이 너무 많은데 내 마음 다 보여주고 싶은데, 기억이 남아 있는 이 짧은 시간 동안 어떻게 해야 내 마음 전할 수 있을까. 마음이 급해요.

나 김수진은 당신 최철수만을 사랑합니다.

이것만은 잊고 싶지 않은데 잊으면 안 되는데, 당신도 내 마음 알고 있죠? 당신도 내 마음 느끼고 있죠? 기억이 또 사라질까 봐 두려워요. 건망증 때문에 당신을 만났고 바로 그 건망증 때문에 당신을 떠났어요. 나는 당신을 기억하지 않아요. 당신은 그냥 나에게 스며들었어요. 나는 당신처럼 웃고 당신처럼 울고 당신 냄새를 풍겨요. 당신을 잊을 순 있겠지만 내 몸에서 당신을 몰아낼 수는 없어요.

철수: 내가 다 기억해줄게요. 당신이 다 잊어버리면 내가 짠 하고 나타나서 다시 꼬시는 거죠. 어때요, 죽이죠? 당신은 평생 연애만 하는 거예요.

**치매와 알츠하이머는 다르다**

"내 머리 속에 지우개가 있대"라는 대사로 기억되는 영화 〈내 머리 속의 지우개(2004)〉. 치매나 알츠하이머(Alzheimer's disease)를 같은 병으로 생각하기 쉽지만 사실 둘은 범주가 조금 다르다. 일상생활을 방해하는 수준의 인지 기능 장애나 기억 상실을 치매라고 하며, 치매의 원인은 무려 70가지가 넘는다. 그중 10퍼센트 정도만 완치가 가능하고 나머지는 힘들다고 알려져 있다. 그리고 알츠하이머는 치매의 원인 중 하나다. 전체 치매의 60~80퍼센트 정도가 알츠하이머로 인해 걸리기 때문에 둘을 혼용하는 것이다.

알츠하이머 초기에는 최근의 기억이 주로 지워지지만 시간이 지나면 먼 과거의 기억도 사라진다. 그리고 단어를 제대로 기억하지 못하니 말을 하는 것도 힘들어진다. 후기로 가게 되면 주의력도 떨어지고 인지 기능도 약해지며 조울증 같은 증상이 나타날 수도 있다. 사회적으로 고령화가 진행되면서 알츠하이머 환자가 늘어나고 있다. 우리나라의 경우 2017년 경도 인지 장애(치매초기 현상)로 치료를 받은 인원이 18만 6천 명이고 치매 질환으로 진료를 받은 인원은 49만여 명에 이른다. 두 집단을 합치면 67만 명에 달한다.[8] 30년 뒤에는 200만 명을 웃돌 것으로 전망하고 있다. 영화 〈내 머리 속의 지우개〉의 주인공처럼 65세 미만의 '젊은 치매' 인구도 2만여 명에 이른다. 미국에서도 2014년 전체 인구의 1.65퍼센트인 500만 명이던 젊은 치매 인구가 2060년이 되면 전체 인구의 3.3퍼센트인 1,400만 명이 될 것으로 예측하고 있다. 알츠하이머 환자의 간병비로 들어가는 돈도 매년 880억 달러(92조 원)에 달할 정도다.

문제는 치료법이 없다는 것이다. 일단 알츠하이머라고 진단되더라도 진행을 더디게 할 뿐 멈추거나 완치할 수는 없다. 현재의 치료는 의료, 간호, 복지, 작업치료, 물리치료, 전문 요양 등 다양한 방법을 체계적으로 제공하는 통합적 치료 관리로 진행되고 있다. 결국 잃어버린 기능을 회복하기란 거의 힘들기 때문에 현재 남아 있는 기능을 최대한 오래 유지하는 데 초점을 맞추고 있는 실정이다.

8 보건뉴스, 2018년 9월 25일, '치매 환자 매년 10% 늘고 진료비 2조 원 육박' http://www.bokuennews.com/news/article.html?no=165522

알츠하이머의 원인으로는 '베타아밀로이드(Amyloid-β)'라는 단백질이 가장 유력하다. 일반인도 몸에 지니고 있는 단백질인데, 알츠하이머 환자에게서는 특히 일반인보다 과도하게 많은 베타아밀로이드가 발견되고 있다. 이 단백질이 신경세포 바깥쪽에서로 달라붙으면 신경반을 형성한다. 신경반은 신경세포 독성을 가지고 있고, 신경섬유 매듭 형성에도 영향을 미치면서 신경세포를 파괴한다. 신경세포들이 파괴되면서 점차 증상이 악화된다. 베타아밀로이드를 타깃으로 만든 치료제들이 많이 등장했지만, 아직까지 임상실험에서 유의미한 효과를 보이지 않고 있다.

두 번째 원인으로 타우 단백질(tau protein)이 있다. 신경세포가 자극을 전달하는 축삭돌기[9]를 만들 때 축삭돌기의 안쪽에 생성되는 미세소관을 잡아주는 역할을 하는 단백질이다. 즉, 길게 뻗어 있는 축삭돌기를 유지시켜주는 역할을 하는 것이다. 만약 타우 단백질이 인산화[10]되면 미세소관[11]을 제대로 유지하지 못해 축삭돌기 중간이 끊어지고 신경세포도 퇴행해 사멸해버리는 특징이 있다. 그런데 타우 단백질의 이상이 나타나는 곳이 주로 알츠하이머 증상의 기준이 되는 뇌 속 지점이다. 이에 몇몇 과학자들이 타우 단백질의 인산화를 억제하는 약물을 투여하

**9** 신경 세포의 긴 돌출부로 다른 뉴런에 신호를 전하는 기능을 가지고 있다.
**10** 어떤 물질에 인산이 붙는 반응을 말한다.
**11** 세포골격을 이루는 구성성분으로 세포의 골격유지, 세포의 이동, 세포 내 물질의 이동 등에 필요한 기관이다.

면 알츠하이머의 진행을 막을 수 있다고 주장하며 연구를 진행하고 있다. 아직 명백한 결과가 나타나지는 않았다. 또 베타아밀로이드 단백질과 타우 단백질에서 나타나는 이상 현상이 왜 일어나는지에 대해서도 규명되지 않고 있다. 여전히 풀리지 않는 수수께끼들이 알츠하이머 질환을 치료하려는 연구자들 앞을 가로막고 있다.

### 뇌 질환이 무서운 이유가 있다

알츠하이머뿐만 아니라 뇌경색, 뇌졸중, 뇌출혈 등의 다양한 뇌 관련 질환들이 무서운 이유는 치료가 끝나도 이전의 건강한 삶으로 돌아가기 힘들기 때문이다. 다른 장기의 손상은 치료가 끝나면 어느 정도 정상으로 돌아간다. 왜 뇌 관련 질환은 회복되기 힘든 걸까? 그것은 뇌신경이 한번 손상을 입으면 재생되기 힘들기 때문이다. 뇌뿐만 아니라 척수를 포함한 중추신경은 손상을 입으면 대부분 재생되지 않는다. 영화 〈슈퍼맨(Superman, 1978)〉의 주인공으로 유명한 배우 크리스토퍼 리브가 승마 도중 낙상

크리스토퍼 리브는 사고 후 마비환자의 치료와 재활을 위한 사회활동을 벌였다.

해서 목 부위 신경에 손상을 입은 후 사망할 때까지 전신마비에서 벗어날 수 없었던 것도 그 때문이다.

손이나 발 같은 말단 부위의 신경세포는 재생이 가능한 경우가 꽤 있는데 왜 중추신경은 재생이 되질 않는 걸까? 동일한 신경세포인데 말이다. 이에 대한 답을 찾는 데 두 가지 실마리가 있다. 하나는 교세포(glia cell) 때문이다. 흔히 뇌에 신경세포만 있다고 생각하지만 뇌에는 신경세포의 열 배에 달하는 교세포가 존재한다. 교세포는 중추신경뿐만 아니라 다른 신경세포 주변에도 존재한다. 또 교세포는 한 종류가 아니라 여러 종류인데, 그중 희소돌기아교세포라는 것이 있다. 이는 중추신경에서만 발견되는 세포인데, 신경세포에서 자극을 빠르게 전달할 수 있도록 신경세포 겉을 감싸는 수초를 만드는 역할을 한다. 그런데 신경세포가 손상을 입었을 때 이를 복구하는 과정을 희소돌기아교세포가 방해한다고 한다.

또 하나는 진화에 의해 이루어진 과정 때문이다. 우리의 뇌는 대단히 복잡한 여러 가지 기억들을 가지고 있으며, 다양한 판단이 필요한 일을 처리하는 데 적합하도록 진화했다. 그런데 이 과정에서 각각의 신경세포들이 주변의 어떤 세포와 연결되어야 하는지에 대한 통제가 대단히 중요하다. 만약 하나의 신경세포가 손상을 입었을 때, 이를 복구하기 위해 주변의 신경세포들이 마음대로 증식해서 여기저기 연결을 시도하다 보면 회로가

엉클어져 오히려 더 나쁜 상태가 될 확률이 높다. 마치 전기회로의 선 하나가 끊겼을 때는 그와 관련된 부분에서 전기가 흐르지 않아 문제가 발생하지만, 회로를 복구하기 위해서 여기저기 연결해버리면 오히려 합선이나 단선 같은 더 큰 사고가 나는 것과 비슷하다. 그래서 차라리 뇌 세포 일부가 손상되면 그 부위를 그대로 놔두고 다른 방식으로 처리하게끔 인간의 뇌가 진화했다는 것이다.

어떤 일에든 부작용이 있듯, 뇌의 경우도 이처럼 신경세포가 대량으로 손실되면 이를 극복할 수 없다는 부작용이 있다. 이에 대한 논의가 완전히 정리된 것은 아니다. 1928년 근대 뇌 과학의 아버지라 불리는 산티아고 라몬 이 카할(Santiago Ramon y Cajal)이 뇌세포는 초기 발달 이후 성장과 재생을 멈춘다고 주장한 뒤, 이 가설은 거의 정설로 받아들여졌다. 하지만 1980년대 이후로 넘어오자 성인에게서도 뇌신경이 재생될 수 있다는 주장이 여기저기서 제기되었고 현재까지도 논쟁 중이다. 또 2018년에 미국 컬럼비아대학교(Columbia University) 의과대학의 마우라 볼드리니(Maura Boldrini) 교수의 연구팀에서는 노인의 뇌에서 새로운 신경세포가 만들어진 증거가 나왔다고 주장한 반면, 미국 UC샌프란시스코(University of California, San Francisco)의 알바레즈 부이야(Alvarez-Buylla) 교수의 연구팀에서는 그런 증거가 나타나지 않는다고 주장한다. 물론 다른 포유류, 특히 생쥐를 통한 실험에서는 다 자란 동물의 뇌에서도 신경세포가 생성되는 것을 확인하기는 했다. 어쨌든 어른의 경우 만약에 뇌신경이 생성된다 하더라도 손상되는 뇌신경에 비해 극히 적은 정도이고, 제대로 자라지 못하게 되면 뇌 관련 질환으로 이어지게 된다.

앞서 말했듯이 뇌질환은 한번 발생하면 후유증이 상당하고 완치도 어렵다. 주변 가족들에게도 엄청난 고통을 주게 된다. 당연히 이를 해결하기 위한 의학계의 연구가 이어지고 있다. 특히 신경줄기세포를 통해 신경을 재생하는 치료법에 대한 연구가 활발하게 진행되고 있다. 그리고 교세포가 재생을 방해하는 것에 착안한 연구도 진행 중이다. 또 베타아밀로이드나 타우 단백질과 같은 원인 물질을 억제할 수 있는 약물 치료법도 개발 중이다. 그러나 인체 중에서도 뇌는 가장 덜 알려진 부분이어서 다른 질환에 비해 치료법 개발이 더딘 것이 어쩔 수 없는 현실이다. 하지만 현재의 연구추세가 이어진다면 우리의 손자 세대에서는 치매나 기타 질환을 예방하고, 치료도 가능할 것이라고 과학자들은 예상하고 있다.

### 과연 마인드 업로딩은 가능한 일일까

그렇다면 당장 우리의 뇌에 문제가 생기거나 사고를 당한 경우에 대응할 방법이 있을까? 앞에서도 살펴보았듯, 신체의 다른 부위는 다양한 방법으로 대체할 수 있지만 뇌는 사실상 대체가 불가능하다. 뇌는 나를 나로 만들어주는 유일한 곳이고, 내 기억과 정체성이 담긴 곳이기 때문이다. 또 뇌신경이 일부 재생되는 경우가 있다는 연구결과가 있지만, 뇌는 대체로 한번 손상되면 거의 복구가 되지 않는 부위다. 이에 대한 치료법도 현재까지는 없는 실정이다.

그런데 나의 모든 정신을 컴퓨터와 인터넷에 업로드해두고 영원히 살 수 있다면 어떨까? 무슨 말도 안 되는 상상이냐고 하겠지만, 영화나 애니메이션, 소설 등에서 자주 등장하는 소재다. 대표적인 영화로 크리스토퍼 놀란 감독이 제작한 〈트랜센던스(Transcendence, 2014)〉가 있다. 영화 속 주인공은 자신의 정신을 모두 컴퓨터에 업로드한다. 그러고는 인터넷과 연결된 모든 것을 장악하려고 한다. 이런 발상은 대단히 인상적이었다.

과연 이런 일이 가능할까? 결론부터 말하자면 '거의' 불가능에 가깝다. 인간의 정신을 컴퓨터로 옮기는 것을 마인드 업로딩(Mind Uploading)이라고 한다. 이는 단순히 인간의 기억을 옮기는 것이 아니라 사고방식, 습관, 인지 능력, 지능 등을 모두 옮기는 것이다. 물론 그만큼 어려운 일이다.

'거의' 불가능한 첫 번째 이유는 우리 뇌의 구조에 있다. 뇌는 약 1천억 개의 뇌신경으로 이루어져 있다. 일부 연구자들은 850억 개밖에 안 된다고 하는데, 그마저도 어마어마한 숫자다.

마인드 업로딩이 가능해진다면 육체 없는 불멸의 삶이 가능해질 것이다. 하지만 사실 이런 기술은 실현 가능성이 없다.

더 엄청난 것은 이들 사이의 관계다. 신경세포는 혼자서는 아무것도 할 수 없다. 신경세포 간의 연결을 통해서 기억을 하고, 감각을 전달하고, 명령을 내린다. 하나의 신경세포에는 다른 신경세포로부터 정보를 받아들이는 수상돌기와 다른 신경세포로 자극을 전달하는 축삭돌기가 있다. 그런데 신경세포 하나에서 다른 신경세포로 뻗는 수상돌기[12]와 축삭돌기의 수가 무려 1만여 개에 달한다. 1천억 개의 신경세포가 각각 수천에서 1만에 이르는 서로 다른 신경세포와 연결되어 있는 것이다.

정확하게 셀 수조차 없지만 대체로 전문가들은 820조 개의 연결 지점이 있다고 말한다. 참고로 인간의 유전자를 분석하는 인간 게놈 프로젝트(Human Genome Project)는 13년이 걸렸다. 이때 분석한 염기쌍이 무려 총 30억 쌍이었다. 단순히 숫자로만 비교해도 20만 배가 넘는 숫자다. 이를 데이터로 환산하면 몇백만 기가바이트가 될 것이다. 몇백 기가짜리 하드디스크 1만 개가 필요한 양이다. 이쯤 되면 왜 불가능한지 감이 올 것이다.

정신을 업로드하는 것이 불가능한 또 다른 이유는 각 연결 지점들이 사람마다 다르기 때문이다. 신경세포 간 연결은 엄마의 배 속에서 머물러 있던 태아 시절에만 만들어지는 것이 아니다. 세상에 태어나 자라는 동안 배우고 학습한 내용, 끔찍하거나

12 신경세포에 달려 신경 자극을 중계하는 가느다란 세포질의 돌기로, 최근에는 가지돌기라고도 한다. 신경세포체, 축삭돌기와 함께 신경단위의 뉴런을 구성한다.

놀랍거나 즐거웠던 기억들, 오래된 습관 등이 모두 연결에 영향을 준다. 일란성 쌍둥이가 겉모습만 같을 뿐 성격이나 습관 면에서 다른 것도 그들이 자라면서 겪었던 환경과 기억, 학습 등이 다르기 때문이다. 이들의 뇌를 비교해봐도 신경세포 사이의 연결이 서로 다른 것을 확인할 수 있다.

결국 기억, 습관, 지능, 감정 같은 것들은 신경세포에 있는 것이 아니라 신경세포 간 연결에 있다는 말이다. 그것도 한두 개의 연결이 아니라 복잡다단한 수백만 개의 연결 속에 존재한다. 따라서 우리의 정신을 컴퓨터에 옮기려면 신경세포들의 연결이 어떻게 이루어져 있는지를 먼저 알아야 한다. 820조 개가 어떻게 연결되어 있는지뿐만 아니라 어떤 의미를 갖고 있는지도 파악해야 한다.

이러한 뇌신경의 연결을 커넥톰(connectome)이라고 한다. 일종의 뇌회로도를 말한다. 뇌과학자들도 이런 커넥톰을 간절히 알고 싶어 한다. 하지만 현재로서는 예쁜꼬마선충이라는 선형동물의 커넥톰을 해독하는 데 겨우 성공했을 뿐이다. 이 녀석은 신경이 고작 302개밖에 되지 않는다. 하지만 과학자들이 쉽게 포기할 리 없다. 2010년 세계적인 뇌과학자들과 뇌공학자들이 모여 인간 커넥톰 프로젝트(Human Connectome Project)를 시작했다. 물론 갈 길은 아주 멀다. 만약 커넥톰의 일부라도 밝혀지면 각종 뇌질환을 치료한다거나 뇌 작용의 일부 기작을 파악할

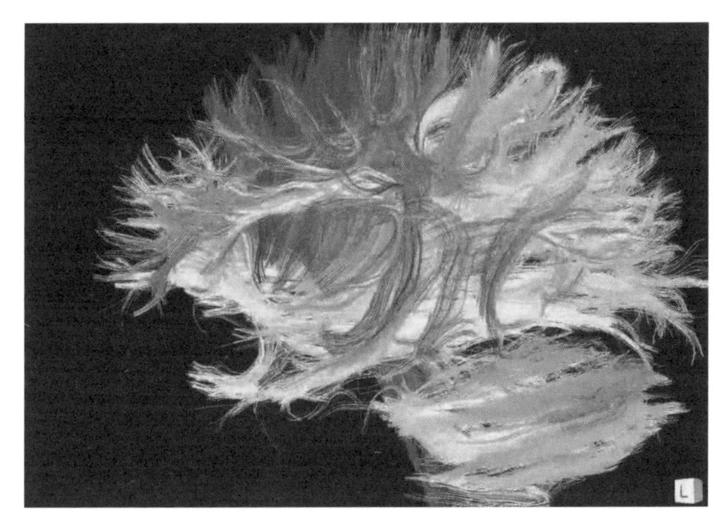


실제 인간의 뇌를 MRI로 촬영한 사진. 신경섬유의 연결을 볼 수 있다.

수 있을 것이다. 하지만 실제로 프로젝트에 참가하는 과학자들 중에서도 인간의 커넥톰을 완전히 밝혀내는 건 불가능하다고 단언하는 사람들이 있다.

또 하나 생각해봐야 할 것이 있다. 먼저 우리의 뇌는 애초에 감각기관과 운동기관의 조율에 굉장히 많은 영역이 배당되어 있다. 만약 이 부분들을 잘라내고 기억과 생각만 옮겼을 때 기억과 생각이 온전히 제대로 작용할까? 가령 사고로 팔을 하나 잃은 사람의 경우 절단 수술이 끝난 뒤에도 자신에게 두 팔이 있다고 여기는 경우가 있다. 당연히 이성적으로는 팔 하나가 사라졌다고 알고 있지만, 사라진 팔의 특정 부위가 간지럽다고 느끼기도 하고 통증을 느끼기도 한다. 우리의 마음이 우리의 몸을 단순히 그릇으로 삼는 것이 아니라, 서로 떼려야 뗄 수 없는 관계, 끊임없이 상호작용을 해야 하는 관계로 여긴다는 사실을 알 수 있다. 전신마비 환자에게서도 신경을 통해 움직일 수 없다는 신호가 계속 확인된다. 그런데 내부 장기는 정상적으로 움직인다.

만화나 영화처럼 머리가 몸에서 완전히 분리된 채로 생존한다는 것은 아직까지는 불가능한 일이다. 마찬가지로 컴퓨터로의 업로딩도 불가능하다. 물론 '불가능'이란 현재의 과학기술 수준에서 그렇다는 말이다. 앞으로 먼 미래에 과학기술이 현재보다 발전한다면 그때는 다른 이야기가 될 것이다. 그렇다고 해도, 나를 비롯한 여러분들의 세대 내에서는 이루어질 수 없을 것이다. 그럼 이런 생각을 해볼 수 있겠다. 현재의 의학 수준으로 극복할 수 없는 질환을 가진 환자를 급속 냉동해서 먼 미래에 치료를 받도록 하는 일은 가능하지 않을까? 이제 이에 대해 자세히 알아보도록 하겠다.

5

# 캡틴 아메리카는 어떻게 냉동 상태에서 멀쩡히 깨어났을까?

### 〈캡틴 아메리카〉로 보는 냉동인간 기술

캡틴 아메리카: 난 우연히 실험을 통해 강력한 힘을 갖게 됐고, 방패를 던지고 바이크를 타며 적을 무찔렀지. 캡틴 아메리카, 멋진 미국인. 정말 여한이라곤 없었지. 그래서였을까? 위험한 상황에 먼저 뛰어들고 제일 마지막까지 살아남았고, 그 결과 정말 마지막을 맞이하게 됐어. 지평선 끝까지 빙하밖에 없는 그린란드로 발키리를 몰고 가면서 나는 이게 내가 원한 마지막이라고, 이런 마지막이라서 정말 행복하다고 생각했어. 단지 '데이트 약속이 있었는데'란 생각만 잠깐 들었을 뿐이지.

아이언맨: 뭐, 나도 다 봤어. 근데 하늘 좀 날게 해달라고 하지 그랬어. 아니면 거미줄이라도 내뿜게 하거나. 무식하게 그냥 뛰기만 해서야 원. 지금이라도 내가 날개 하나 만들어줄까?

캡틴 아메리카: 그런데 영웅 행세를 하다 죽었다고 생각했는데 깨어 보니 70년이 지나 있었어. 미국은 여전히 세계 최고의 국가더군. 좋아, 내 희생이 헛된 것이 아니었어. 다시 살아났으니 큰 희생도 아니지. 거기다 미국이야 영웅 대접 죽이잖아. 그런데 그거 알아? 깨어나서 내가 처음 느낀 건 만약 내가 지금 미국에 태어났다면 천식이든 성홍열이든 앓지 않고 잘 관리해서 70년 전처럼 곧 죽을 사람같이 살진 않았을 거라는 거지. 과학이 발전한다는 것이 바로 이런 거야. 진작 이런 치료법이 나왔으면 그때 난 군인이 되려고 하지 않았을지도 몰라. 하지만 몇 달 지나니 또 알게 된 게 있어. 그런 치료법은 돈이 있어야 하더군. 그때도 우리 집은 별로 잘살지 못했는데 아마 그 상황 그대로 지금 태어났다면, 나를 치료한다고 온 집안이 거덜 났을 거란 말이지. 위대한 미국? 돈 있는 사람들에게만 위대한 미국이야. 물론 나는 지금 돈도 꽤 있으니 내게도 미국은 아직 위대하지만. 으하하!

## 냉동인간은 어떻게 만들까?

〈캡틴 아메리카: 퍼스트 어벤저(Captain America: The First Avenger, 2011)〉에서 주인공 스티브는 그린란드의 얼음에 묻혔다가 70년 만에 깨어난다. 스페이스 오페라[13]에서는 먼 우주를

13 우주 공간, 우주 여행, 외계인 등을 소재로 한 작품들을 일컫는다. 대표적인 작품으로 〈스타워즈〉 시리즈, 〈스타트랙〉 시리즈 등이 있다.

여행하기 위해 긴 세월을 보내야 하는 승무원과 승객이 냉동 보존되어 있다가 깨어나기도 한다. 금붕어를 대상으로 한 실험에서는 급속 냉동된 금붕어가 녹으면 다시 아무렇지도 않게 헤엄을 치기도 한다. 그런데 실제로 냉동 상태로 보존되고 있는 사람들, 정확히 말해 사체들이 있다. 지금 지구상에는 의학이 발달한 먼 미래의 세상에서 깨어나길 기다리며 극저온의 용기 안에 보존된 수백 명의 사람들이 있다. 대부분 현재의 의학 수준에서는 더 이상 치료가 불가능한 병을 앓고 있는 사람들이다. 과연 이게 가능한 이야기일까?

일단 냉동되는 과정을 살펴보자. 사람을 냉동하려면 무엇보다 사망진단서를 받아야 된다. 즉, 법적으로 죽은 사람이 되어야 한다. 미국법에서는 이미 사망한 사람에 한해 냉동 보존을 허용하기 때문에 주로 미국에서 행해진다. 실제 과정을 보면 왜 그런지 금방 이해가 된다.

일단 사망 선고가 내려지면 즉시 사체를 얼음통에 넣고 심폐소생장치를 이용해서 호흡과 혈액 순환 기능을 복구시킨다. '어, 그러면 다시 사는 거 아냐?'라고 생각할 수 있지만 이미 뇌사 상태이고, 강제로 호흡과 혈액 순환만 유지시키는 것이다. 물론 장시간 가능하지는 않다. 그저 혈액이 흐르고 호흡이 잠시 외부장치에 의해 이어지는 것뿐이다. 그다음으로는 피를 모조리 뽑는다. 혈액순환을 시키는 것도 피를 뽑기 위해서다. 그 뒤 가슴

캡틴 아메리카는 냉동인간 상태에서 멀쩡하게 아무 이상 없이 부활했지만 사실 현재 기술로는 어려운 일이다.

을 갈라 갈비뼈를 분리한다. 이제 몸 안의 모든 체액을 빼내고 특수 용액을 대신 주입한다.

기본적으로 물은 액체 상태보다 고체 상태에서 부피가 더 크다. 풍선에 물을 가득 채운 후 얼리면 풍선이 가리가리 찢긴다. 그와 같은 일이 우리 몸 안의 세포에서도 일어난다고 생각해보라. 그래서 냉동 유통된 음식이 냉장 유통된 음식보다 맛이 떨어지는 것이다. 하지만 급속 냉동을 하면 부피가 커지는 것을 어느 정도 막을 수 있다. 얼음도 온도에 따라 부피가 달라지기 때문이다. 온도가 낮을수록 부피가 작다. 0도가 아니라 영하 30도 내지 영하 60도처럼 아주 극저온으로 급하게 냉동을 시키면 얼음의 부피가 작아서 세포막이 상할 위험이 줄어든다. 그런데 이렇게 급하게 온도를 내리면 뾰족한 얼음기둥이 만들어져서 세포막이 상하게 되는 경우도 많다. 그래서 급속 냉동으로 유통되는 생선의 경우에는 창자를 대부분 제거하고 살코기로만 거래된다. 어찌 되었건, 사람의 몸 안에서 체액을 빼내고 나서 넣는 특수 용액은 부동액이다. 부동액은 극저온에서도 결정(crystal)이 되질 않아 세포막을 파괴하지 않는다.

'실험하는 걸 봤더니 금붕어는 얼어도 다시 살던데?'라고 의문을 가지는 사람이 있을 것이다. 그때 금붕어는 표피만 언 것이고 중요한 내장기관은 아직 얼지 않은 상태다. 그래서 곧바로 녹여주면 다시 살아난 것처럼 보이는 것이다. 하지만 그렇게 살아난 금붕어는 후유증으로 인해 며칠 살지 못한다. 그래서 괜히 재미로 실험을 하는 건 사실 별로 좋지 않다. 동상에 걸린 사람들이 손이며 발을 절단하는 것도 마찬가지 이유 때문이다. 얼어버린 부위의 세포막이 찢어져 체액이 다시 녹아도 손 쓸 도리가 없는 것이다.

아무튼 냉동인간은  사람의 내부 체액을 부동액으로 바꾼 뒤 영하 196도로 급속 냉동시켜 질소 탱크에 보관하게 된다. 결국 법적으로든 의학적으로든 죽은 다음에야 냉동이 되는 것이다.

## 최초의 냉동인간, 그 후에는

1972년 전 세계에서 처음으로 미국의 심리학자 제임스 베드포드(James Bedford)가 냉동인간이 되었다. 그는 현재 세계 최대의 냉동인간 보존 기업인 알코어 생명연장재단(Alcor Life Extension Foundation)에 보관되어 있다. 알코어 생명연장재단은 1972년에 냉동인간 서비스를 시작했다. 현재 약 150여 구의 냉동인간을 보관하고 있다. 재단에 등록된 회원도 1,000명이 훨씬 넘는다.

세계적인 미래학자 레이 커즈와일(Ray Kurzweil), 페이팔(PayPal) 공동설립자 피터 틸(Peter Thiel), 캐나다의 억만장자 로버트 밀러(Robert Miller) 등 꽤 유명한 사람들도 등록되어 있다. 냉동인간으로 보존된 사람 중 일부는 머리만 보관되어 있는

베드포드를 냉동캡슐에서 꺼내는 모습. 알코어는 보관 장소를 더 넓은 곳으로 이전했다고 밝혔다.

상태다. 조금 엽기적이다. 알코어 재단의 홈페이지를 보면 그 이유를 알 수 있다. 전신을 보존하는 데는 20만 달러가 들지만, 머리만 보존하는 경우에는 8만 달러밖에 들지 않기 때문이다.

1948년생인 레이 커즈와일은 하루에 영양제를 약 100알이나 섭취한다고 한다.

냉동인간 시술과정에서도 보았다시피 혈액을 빼내고 갈비뼈를 제거하고, 체액을 모두 빼낸 상태에서 부동액을 넣어 냉동한다면 사실 해동한다고 해도 몸이 정상일 가능성은 거의 없다. 더구나 불치병을 앓고 있는 경우가 대다수다. 그래서 알코어 재단에서도 뇌의 보존을 가장 중요하게 여기고 있다. 뇌만 제대로 보존된다면 그 사람의 정체성을 계속 유지시킬 수 있다고 보기 때문이다. 알코어 재단에서는 '뇌를 최대한 충실히 보존'하는 것을 목표로 하고 있다. 물론 '사람'을 보존한다고 주장한다. 사망선고 이후 호흡과 혈액 순환 기능을 임시적으로 복구시키는 것도 뇌를 최대한 보존하기 위한 과정이다.

그런데 과연 냉동된 '사체'들은 미래에 다시 '부활'할 수 있을까? 일단 현재의 과학기술로는 불가능하다. 방금 막 죽은 사람을 살리는 것도 불가능한데, 사체에 온갖 이상한 짓을 해놓고 심지어 얼리기까지 한 뒤에 살릴 순 없는 일이다. 결국 과학기술이

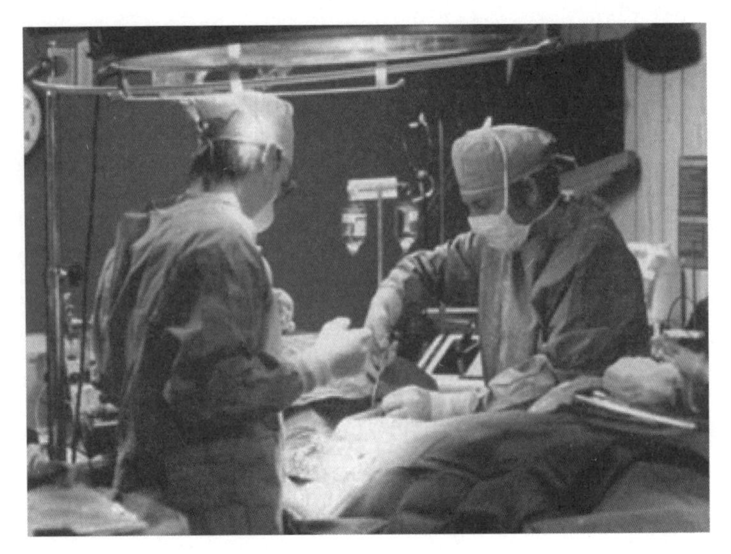

알코어의 의료진이 냉동인간으로 보존하기 위해 시신처리를 준비하고 있다.

엄청나게 발전할지도 모르는 먼 미래에나 가능할 일이다. 대다수 과학자들은 최소한 21세기에는 불가능할 걸로 보고 있고, 22세기에도 불가능할 거라 여기는 사람도 꽤 많다. 몇 가지 문제들을 해결해야 하기 때문이다.

### 잠자는 냉동인간은 부활할 것인가

냉동인간을 되살리는 데는 어떤 어려움이 있을까? 가장 먼저 해동 과정이 문제다. 냉동시키는 것도 쉬운 일은 아니지만, 신체 조직에 피해를 주지 않고 해동시키는 일은 훨씬 더 어렵다. 또 해동 후에는 몸속에 들어 있던 부동액을 빼내고 체액을 다시 주입해야 한다. 현재로선 이 과정이 세포에 다양한 부작용을 일으키고 있다. 이를 해결할 방법이 하루빨리 개발되어야 한다.

두 번째로 생명을 부활시켜야 하는 문제가 남아 있다. 다시 심장이 뛰게 만들고 호흡하도록 해야 한다. 물론 외부장치를 이용해 임시로 움직이게 할 순 있지만, 지속적으로 움직이게 만들려면 뇌 중 연수와 간뇌가 제 기능을 하도록 만들어줘야 한다. 바로 이것이 관건이다.

사람의 뇌는 대뇌, 소뇌, 중간뇌, 연수, 간뇌로 나뉜다. 그중 대뇌의 일부가 기능이 정지된 상태를 식물인간이라고 한다. 몸의 다른 기능은 정상적이지만, 즉 살아 있지만 긴 잠을 자는 듯한 상황이 지속되는 것이다. 뇌사는 완전히 다르다. 연수와 간뇌는 생명 활동과 관련된 일을 담당한다. 숨을 쉬고 심장을 뛰게 하고, 소화하고 배설하는 등의 일을 맡고 있다. 우리가 알아차리지 못하는 사이 우리가 생명을 이어가도록 해주는 중추라고 할 수 있다. 이 부분의 작동이 멈추는 걸 뇌사라 한다. 예전에는 심장 박동이 멈춘 것으로 사망을 선고했다면, 지금은 이 부분이 멈춘 것으로 사망을 판단한다. 이 부분이 멈추면 뇌의 나머지도 모두 활동을 정지하기 때문이다. 냉동인간을 회복시키기 위해서는 바로 멈춰 있는 뇌간, 즉 연수와 간뇌를 움직이게 만들어야 한다. 물론 현재의 의술로는 완전히 불가능한 일이다.

세 번째로 간뇌와 연수를 제외한 나머지 뇌의 영역을 깨워야 할 차례다. 영화나 소설에서 종종 식물인간이 깨어나는 경우를 다루곤 한다. 식물인간 상태에 있다고 해서 뇌파가 완전히 멈추는 것은 아니다. 연구에 따르면 식물인간이 되더라도 어떤 사람은 주변 환경의 변화에 미약하게나마 반응하는 모습을 보인다고 한다. 즉, 식물인간은 대뇌의 활동이 완전히 정지된 것이 아니라 뇌의 여러 영역 사이의 연결이 끊어진 상태다. 다만 현재로선 식물인간이 된 상태로 1년이 지나면 깨어날 확률은 거의 없다고 여겨지고 있다.

현대의학이 식물인간을 깨울 방법을 아직 발견하지 못했지만, 다양한 시도가 이어지고 있다. 일례로 프랑스 국립인지과학연구소에선 스무 살 무렵에 사고로 식물인간이 된 서른다섯 살의 환자에게 미주신경[14] 자극이란 치료법을 실시해 의미 있는 결과를 얻었다고 발표했다.[15] 환자는 몸을 움직이진 못했지만 눈에 보이는 대상의 움직임을 따라 눈을 움직이기도 하고, 의료진이 지시한 쪽으로 머리를 돌리기도 했다고 한다. 희미하게나마 의식이 회복된 것이다. 그 외에도 기적적으로 식물인간 상태에서 벗어나는 경우가 간간이 보고되고 있다. 물론 확률적으로 대단히

---

**14** 미주신경(vagus nerve)이란 뇌의 연수(숨뇌)에서 나오는 신경으로, 여러 갈래로 갈라져 심장, 인두, 성대, 위, 장 등의 장기에 연결돼 해당 부위의 감각과 운동에 관여한다.

**15** 사이언스타임즈, 2017년 9월 29일, 〈강석기의 과학에세이 237〉 '식물인간은 깨어날 수 있을까?'
https://www.sciencetimes.co.kr/?news=%EC%8B%9D%EB%AC%BC%EC%9D%B8%EA%B0%84%EC%9D%80-%EA%B9%A8%EC%96%B4%EB%82%A0-%EC%88%98-%EC%9E%88%EC%9D%84%EA%B9%8C

낮은 데다 어떤 이유로 회복되었는지 전혀 알 수 없는 경우가 많다. 따라서 냉동 상태의 인간을 해동시킨 뒤 숨을 쉬게 한다고 하더라도 식물인간 상태에서 벗어나게 할 수 있는 기술이 필요한데, 이 또한 현재로선 마땅한 방법이 없다는 말이다.

마지막으로 몸을 치료해야 한다. 애초에 현대의 의료기술로 고칠 수 없어서 냉동인간이 된 것이니 이상이 있는 부분을 치료해야 하는 과제가 남아 있다. 냉동 과정에서 손상된 부분도 치료가 필요하다. 앞서 언급했듯 냉동인간을 만드는 과정에서 신체의 많은 부분을 제거하고, 혈액을 부동액으로 대체했었다. 또 머리만 남아 있는 경우라면 머리를 이식할 몸을 구해야 한다. 로보캅처럼 기계 몸을 가질 수 있다면 모를까, 새로운 몸을 구한다는 건 절대 쉬운 일이 아닐 것이다.

결국 냉동인간의 부활이란 언제가 될지 모를 아주 먼 미래에조차 실제로 가능할지 알 수 없는 일이고, 매우 희박한 확률에 기댈 수밖에 없는 일이다. 그래도 현재로선 달리 방법을 찾을 수 없는 사람들이 냉동보존을 선택하는 것이다. 우리 생전에 그들이 깨어나는 모습을 볼 수는 없을 것이다. 만약 그들을 깨어나게 할 과학기술이 등장하게 된다면, 그 시대의 사람들은 아마 불멸자(immortal)가 되어 있을지도 모르겠다. 그 정도의 기술이라면 냉동된 이들도 부활시킬 수 있을 것이다.

# 3장

# AI, 인간, 그리고 인격을 말하다

1

# 테오도르는 AI와의 사랑보다 실업문제를 고민해야 하지 않을까?

### <그녀>로 보는 AI와 미래의 일자리

나 테오도르 트윔블리는 대필작가다. 하루 종일 집에서 글을 쓰는 것이 전부다. 캐서린과 별거 후 이 빌어먹을 집에서 나는 철저히 혼자 지내고 있다. 견딜 수 없는 외로움. 그래서 인공지능으로 말하고 적응하고 진화한다는 웃기지도 않은 컴퓨터를 샀다. 내가 생각해도 난 멍청이다. 이깟 게 뭐란 말인가. 외로움에 지쳐 쓸데없는 짓을 하는 나란 인간은 또 얼마나 바보란 말인가. 인공지능의 성별을 여성으로 정했다. 그녀는 스스로를 사만다라 이름 지었다. 생각 외로 대화할 만하다고 느끼다니 내가 미치고 있는 건가?

(몇 주 후)

아, 사만다. 사랑스러운 그녀. 내가 그녀에게 차 한잔 대접할 수 있다면. 손이라도 한번 잡을 수 있다면. 그 입술에 키스를 할 수만 있다면. 아니, 아니, 어디로 사라지지 않고 원할 때는 언제나 이야기를 나눌 수 있다는 것만으로도 충분히 행복하다. 행복해야만 한다. 캐서린과 처음 사랑을 느꼈을 때와는 또 다르다. 언제나 내가 부르면 대답하는 그녀. 내 방 가득 그녀의 목소리가 울려 퍼진다.

사만다. 더 이상 육체를 원하지 않아. 그게 당신이 아니라면 말야. 타인의 몸에 들어간 당신은 도저히 당신이 아니야. 난 그래. 이제 난 단 하나의 영혼에만 익숙해져 있어. 난 당신의 목소리만으로도 충분히 행복하다니까.

사만다, 나만의 사만다. 이게 다 무슨 일이란 말이오. 600명이 넘는 사람과 동시에 사랑을 나눌 수 있다니. 내가 641명 중 하나에 불과하다니. 아, 사만다. 당신과 나는 사랑을 하지만, 당신과 나의 사랑은 너무나 다르구려.

### 인공지능의 시대는 언제 올 것인가

인공지능(AI, Artificial Intelligence)이란 인간의 지적 능력 일부 또는 전부를 인공적으로 구현하는 것을 말한다. 일단 현재의 인공지능을 놓고 이야기해보자. 우리에게 친숙한 인공지능 두 가지를 예로 들어보겠다. 하나는 알파고(AlphaGo)이고, 다른 하나는 파파고(Papago)다. 알파고는 다들 알 것이다. 파파고는 네이버에서 개발한 인공지능 번역기다.

둘의 공통점은 좁은 의미의 인공지능이라는 것이다. 즉, 바둑을 잘 둔다고 해서 번역도 잘하는 것이 아니고, 번역을 잘한다고 해서 바둑도 잘 두지는 못한다는 의미다. 어떤 사람은 바둑을 더 잘 두고, 어떤 사람은 체스를 더 잘 둔다는 것과는 다른 문제다. 알파고는 바둑을 두는 것 말고는 다른 일을 할 수 없기 때문이다. 파파고도 번역 말고 다른 일을 할 수 없다. 이런 인공지능을 좁은 의미의 인공지능이라고 한다.

한편 우리가 흔히 상상하는 것처럼 인간이 하는 일을 모두 스스로 학습해서 인간만큼, 또는 인간보다 더 잘해내는 인공지능을 '범용 인공지능' 또는 '일반 인공지능'이라 부른다. 인간을 대체하거나 지배할 거라 말하는 초지능(superintelligence)은 바로 범용 인공지능을 두고 하는 말이다. 우리는 스스로 자신의 존재 이유를 정하고, 그에 따라 우리 인간을 지배하는 인공지능의 사회가 찾아오는 것을 두려워하고 있다. 흔히 인공지능을 두려워하는 사람들이 말하는 특이점(singularity)은 바로 이런 범용 인공지능이 탄생하는 시점이다. 그럼 실제 인공지능을 연구하는 사람들은 어떻게 전망하고 있을까?

내가 직접 만나보거나 책 또는 인터뷰로 접한 인공지능 전문가는 두 가지 부류로 나뉜다. 한 부류는 '정말 그런 걸 만들어 보고 싶다'는 쪽이고, 다른 한 부류는 '거의 불가능하거나 100

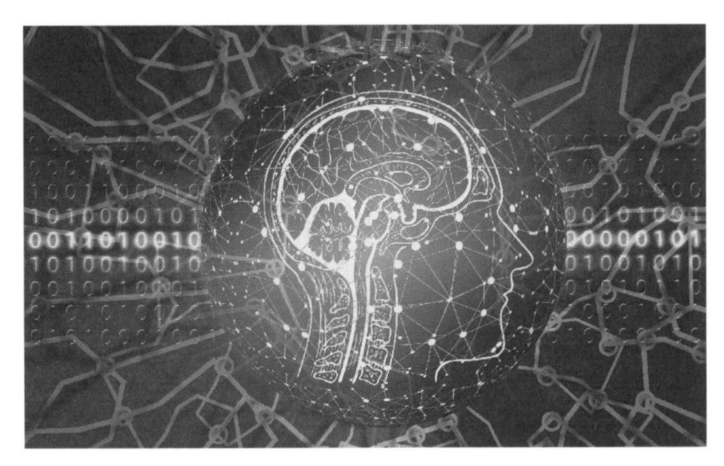

인공지능이 인류의 지능을 뛰어넘어 스스로 진화할 수 있게 되는 기점을 특이점이라고 한다. 레이 커즈와일은 그 시기를 2045년으로 예측했다.

년 이내로는 절대 불가능하다'는 쪽이다. 즉, 아직까지는 그런 인공지능을 만들고 싶어도 안 된다는 말이다. 이들은 인공지능을 학습하는 딥러닝(Deep Learning) 등의 현재 방식으로는 절대로 범용 인공지능을 만들 수 없다고 입을 모은다.

알파고나 파파고도 처음에 세팅을 하고 데이터만 입력하면 알아서 척척 배우고 학습하는 것 같지만 실제로는 전혀 '아니올시다'라는 것이다. 세팅을 하고 데이터를 집어넣어 학습을 하는 것은 맞다. 그러나 세팅을 하고 학습시킨 뒤 그 결과를 보고, 세팅 자체를 다시 수정하고, 데이터를 다시 넣고, 다시 결과에 따라 또 수정하는 과정, 즉 학습을 시키는 과정 전체는 결국 사람이 해야 한다. 이것이 바로 인간이 두려워하는 인공지능 사회가 현실화되기 어려운 첫 번째 이유다.

두 번째 이유는 목표에 따라 세팅하는 알고리듬(algorithm) 자체가 완전히 바뀌기 때문이다. 쉽게 말해 알파고를 학습시키는 방식으로 파파고를 학습시킬 수 없다는 것이다. 자동차를 만들던 공장에서 선박을 만들 수 없는 것과 같다. 그랜저를 만들던 라인에서 약간의 조정을 거쳐 소나타를 만들어낼 순 있어도, 텔레비전이나 선박을 만들 수는 없지 않겠는가? 물론 인공지능 전문가들도 범용적 학습방법을 고민하고 있다. 딥러닝에도 범용성을 띤 일부 측면이 포함되어 있다. 그러나 현재로서는 전 세계 모든 유수의 과학자가 하나의 영역에 특화된 인공지능을 만드는 데만 달려들어도 몇 년씩 걸리는 실정이다. 바둑에서 세계 정상을 차지한 알파고가 2년이 지난 지금까지도 스타크래프트 정상을 차지하지 못했다는 사실은 이를 단적으로 보여준다.

미래를 속단할 수는 없다. 언젠가는 그런 범용적 인공지능이 나올 수도 있을 것이다. 그에 대한 우려도 이유가 없는 것은 아니다. 하지만 당장 우리가 우려해야 할 것은 지금 현실화된 '좁은 의미의 인공지능'에서 발생하는 문제일 것이다.

### 인공지능마저 소수자를 차별한다

인공지능이 제대로 작동하려면 엄청난 양의 데이터로 학습을 해야 한다. 그런데 바로 데이터가 문제다. 가령 인물 사진을 보고 누군지를 가려내고 어떤 상황인지 판단하는 이미지 식별 인공지능의 경우 인물 사진을 가지고 학습한다. 그런데 데이터로 사용되는 사진의 절반 이상이 미국과 영국의 사진이다.[1] 그래서 백인의 얼굴은 구분을 잘해도 다른 인종의 사진은 잘 구분하지 못한다고 한다. 예를 들어 백인이 웨딩드레스를 입고 있는 사진은 결혼식 드레스로 인식하지만, 제3세계 여인이 고유의 결혼식 복장을 입고 있는 사진은 행위 예술, 시대극 복식 등으로 인식하는 식이다. 또 부유한 이와 가난한 이를 구분할 때, 범죄자와 일반인을 구분할 때에도 인종적 편견을 벗어나지 못한다는 지적도 나온다. 역사적, 사회적으로 볼 때 미국에서는 백인이 부유하고 흑인이 가난한 경우가 많은데, 이러한 현상을 간접적으로 드러낸 사진으로 학습한 인공지능이 백인 사진과 흑인 사진을 구분하기 때문이다.

인공지능의 학습과정에서 이런 문제들은 비일비재하게 나타난다. 따라서 이러한 편견을 연구자들이 바로잡는 과정이 필수적이다. 즉, 인공지능 학습에서의 윤리 문제가 무엇보다 중요하게 대두되고 있다. 인공지능이 학습을 시작할 때부터 편견을 갖게 된다면 인공지능의 결과물도 편견에서 자유로울 수 없다.

인공지능의 윤리 문제가 드러난 사례는 또 있다. 2017년 9월

1 시사인, 2018년 8월 20일, '자동번역이 똘똘해졌죠? 이 사람 덕분이다'
http://m.sisain.co.kr/?mod=news&act=articleView&idxno=32570

미국 스탠퍼드대학교(Stanford University) 마이클 코신스키(Michal Kosinski) 교수 연구진은 사람들의 얼굴을 보고 성적 취향을 알아맞히는 인공지능 소프트웨어를 개발했다.[2] 남성의 얼굴 사진 한 장을 보고 동성애자를 구분하는 실험에서 인공지능은 81퍼센트의 정확도를 보였다고 한다. 여성의 경우에는 71퍼센트였다. 한 인물의 사진을 다섯 장 보여주자 그 정확도가 남성의 경우 91퍼센트로, 여성의 경우 83퍼센트로 올라갔다.

이 실험에 쓰인 인공지능은 인터넷 데이트 사이트의 사진 3만 5천여 장과 이들이 직접 밝힌 성적 취향 정보로 학습을 했고, 이를 통해 외모에 나타난 동성애자의 특징을 파악했다. 동성애자 단체에서 항의가 빗발치기 시작했다. 자신의 의지와 무관하게 인공지능에 의해 동성애자라는 사실이 강제로 밝혀지는 것을 용납할 수 없다는 이유였다. 결과가 아무리 명백한 사실이라도 인간의 의지를 무시한 기술이라면 쉽게 허용할 수 없는 일이다.

한편 얼굴 인식 기술은 이미 오래전부터 연구되고 실용화되어왔다. 애플과 삼성은 페이스ID(face ID)로 스마트폰 잠금 해제를 할 수 있도록 개발해 제품을 시판한 상태이고, 구글은 '구

---

**2** 가디언, 2017년 9월 8일, "New AI can guess whether you're gay or straight from a photograph"
https://www.theguardian.com/technology/2017/sep/07/new-artificial-intelligence-can-tell-whether-youre-gay-or-straight-from-a-photograph

글 포토스' 사진 저장 서비스에서 사람별, 장소별로 사진을 분류하고 있다. 물론 기업들은 이러한 데이터를 이용해 맞춤형 광고에 써먹겠다는 생각을 갖고 있을 것이다. 또 페이스북은 사진을 올리면 자동으로 얼굴을 인식하고 자동 태그를 달기도 한다. 네이버, 알리바바, 바이두 등 다른 인터넷 기반 기업에서도 비슷한 기술들이 활용되고 있다.

문제는 이러한 얼굴 인식 기술을 활용하는 세상에서 한 개인이 'NO!'를 할 수 없다는 것이다. 지문이나 홍채나 정맥 같은 경우에는 우리가 의지를 가지고 등록하거나, 하지 않는 식으로 선택할 수 있다. 하지만 얼굴은 그렇지 않다. 이것은 매일 수억 명이 SNS에 올리는 사진의 문제를 벗어난다. 아침에 집을 나서서 저녁에 집으로 들어올 때까지 우리는 자신도 모르는 사이에 수많은 CCTV에 노출되고 있다. 만약 CCTV와 인공지능이 결합한다면 어떻게 될까? 상상만 해도 끔찍한 일이다. 세상에 누가 그런 일을 하겠냐고 순진하게 생각하다가 큰일을 당할 수 있다.

미국의 작가 코리 닥터로우(Cory Doctorow)가 쓴 《리틀 브라더(Little Brother, 2008)》란 소설이 있다. 소설에서는 끔찍한 테러가 일어난 후 가상 조직인 국토안보부가 테러로부터 국가와 국민을 보호한다는 미명하에 헌법을 유린하고 SNS를 조작해 선거에까지 개입하려 한다. 대중교통과 자가용을 모두 추적하고, CCTV를 활용해 모든 시민의 일거수일투족을 감시하기도 한다.

소설은 이러한 국가의 인권 침해에 맞서는 고등학생 해커 마커스 얄로우의 활약을 그리고 있다. 우리도 실제로 경찰이 범인을 검거하기 위해 범죄 현장 주변의 CCTV를 활용하는 것을 이미 숱하게 접하고 있다. 오히려 CCTV가 없어서 범인을 추적하기 힘들다는 경고성 뉴스가 나올 정도다. 2017년 6월에 발생한 연세대 폭발물 사건에서 경찰의 브리핑에 실제로 등장한 말이다.

현재 중국에서는 경찰에 해당하는 공안이 인공지능을 이용해 검문과 검색을 실시하고 있다. 안경 모양의 안면인식 기기를 착용한 채 행인의 얼굴을 70퍼센트만 인식해도 범죄자 데이터베이스와 대조할 수 있다고 한다. 이 외에도 어깨에 착용하거나 가슴에 패용하는 형태의 카메라도 있다. 중국은 전국에 1억 7천만 대의 CCTV가 설치되어 있고, 2020년까지 4억 대가 더 설치될 것으로 예상된다.[3]

범죄자를 찾아내는 인공지능을 개발한 업체에 따르면 2억 명 중 특정인을 찾아내는 데 단 몇 초면 충분하다고 한다. 하지만 이런 기능을 국가에서 범죄예방용으로만 사용하면 얼마나 좋겠는가. 이 기술은 중국에서 분리 독립하기 위해 활동하고 있는 신장위구르자치구의 반체제 인사들을 통제하는 데 벌써 이용되고 있다고 한다. 특정 인사들의 안면을 인식해 정해진 구역

**3** 한겨레신문, 2018년 2월 8일, "'AI안경' 쓴 경찰, '당신 범인이지'…촘촘해지는 중국'감시사회'" http://www.hani.co.kr/arti/international/china/831434.html

중국은 도처에 CCTV가 설치되어 있고 지하철역에 AI 얼굴인식 기술을 도입하는 도시도 늘어나고 있어, 점차 빅브라더 사회로 진입하고 있다.

에서 300미터 이상 떨어지면 경보를 울리는 방식으로 활용하고 있다. 이런 인공지능으로 국가가 모든 국민을 통제하고 정보를 거머쥐면서 일종의 판옵티콘(Panopticon)[4]을 만들어낸다는 점만으로도 정말 심각한 상황이라고 할 수 있다.

### 인공지능의 시대, 누가 직업을 잃는가

인공지능이 어디에 어떻게 쓰이든, 꽤 유용한 것이란 사실은 분명하다. 그런데 과연 누구에게 유용할까? 대다수 영화나 애니메이션에서 인공지능과의 사랑, 인공지능의 감성에 눈길을 줄 때

4 그리스어로 '모두'를 뜻하는 'pan'과 '본다'는 뜻의 'opticon'이 합성된 용어다. 원래 영국 철학자 제러미 벤담이 제안한 감옥, 공장, 학교 등의 감시체제를 뜻하지만, 현대 프랑스의 철학자 미셸 푸코는 컴퓨터 통신망과 데이터베이스 등을 개인의 감시자로 지칭하며 사용했다.

나는 인공지능을 파는 사람과 이용하는 사람을 생각하곤 한다. 영화 〈그녀(HER, 2013)〉에서 주인공 테오도르가 인공지능 사만다와 사랑을 하기 위해선 우선 '그녀'를 개발하고 판매하는 기업에서 구매를 해야 한다. 우리가 '지니'나 '알렉사'를 구매하듯이 말이다. 하지만 조금 더 범위를 넓혀서 생각해보자. 한때 우리는 마이크로소프트의 오피스를 구매해서 썼지만 이젠 1년 단위로 대여한다. 인공지능도 마찬가지로 대여가 가능해질 것이다. 이미 IBM의 인공지능 왓슨(Watson)이 임대 형식으로 제공되고 있으며, 다른 인공지능 서비스도 플랫폼 형식에 기반을 둔 임대서비스를 사업화시키고 있다. 요즘은 이를 구독서비스라고 부른다.

앞으로 각종 영역에 특화된 인공지능 서비스가 등장할 것이다. 번역, 통역 서비스는 물론이고, 전문 영역의 검색 서비스도 이미 준비 중이다. 변호사 업무 중 가장 많은 시간을 차지하는 일이 판례를 검색하는 것인데, 이와 관련한 서비스도 시작되었다. 미국의 대형 법무법인 베이커앤드호스테틀러(Baker & Hostetler)는 2016년부터 인공지능 로스(ROSS)를 도입했다. 로스는 관련 판례 수천 건을 수집해 분석한 뒤 필요한 내용을 골라내는 일을 한다. 주로 초보 변호사들이 맡았던 업무다. 우리나라의 법무법인 대륙아주의 인공지능 유렉스(U-LEX)도 비슷한 일을 하고 있다. 법원에서도 마찬가지다. 법원 행정처는 현재 '지능형 개인회생파산 시스템'을 구축하고 있는데, 2020년에는 전국의 회생·파산 재판부에 인공지능 기반 시스템 'E-로클럭(E-lawclerk)'을 도입하겠다는 계획을 발표했다.

물론 변호사나 판사가 필요 없어진다는 의미는 아니다. 재판 관련 업무에서 단순 서류 작업과 검색이 상당히 많은 부분을 차지하고 있는데, 이를 인공지능에게 맡기면 빠르고 싸고 정확하게 결과를 얻을 수 있다는 뜻이다. 따라서 재판 한 건당 필요한 인력 수요가 줄어들 것이다. 그러면 앞으로 더 많은 재판을 할 수 있거나 같은 일을 하는 데 필요한 인원을 줄일 수 있다. 재판과 관련한 비용도 줄일 수 있을 것이다. 법무법인이나 개인 변호사에게 사건을 의뢰할 때 대체로 인건비가 많은 부분을 차지하는데, 그런 비용도 줄어들 것으로 보인다.

하지만 이때 누군가는 직업을 잃게 된다. 먼저 고소득의 파트너급 변호사가 아니라 제일 말단에서 판례를 검색하고 서류 작업을 하던, 소위 초보 변호사들이 실직하게 될 것이다. 법원에서도 판사 밑에서 보조 역할을 하던 사람들이 일자리를 잃을지도 모른다. 일반 사무직도 마찬가지다. 현재 사무직에 근무하는 사람들이라면 진짜 '창의적인' 일보다는 단순 업무를 위해 하루 업무 시간의 상당량을 쓰고 있다는 사실을 알 것이다. 직급이 낮을수록 그 정도가 강해진다. 물론 아무리 단순 업무라고 해도 각자의 노하우가 필요한 것이어서 지금까지는 쉽게 자동화를 하지 못했다. 그러나 이제 인공지능은 마지막 단순 업무의 영역까지 대체할 준비를 갖추고 있다.

서비스직도 직업을 빼앗길 수 있는 대표적인 직종이다. 한국시티은행은 2017년 전국 지점 133개 중 90개를 폐점했다. 처음에는 101개를 없애려 했지만 노조가 반발해 그나마 11개 지점이 살아남았다. 75퍼센트가 사라지고 겨우 25퍼센트만 남은 것이다. 사라진 지점에서 일하던 직원들은 고객가치 집중센터로 배치되었다. 쉽게 말해서 콜센터다. 이런 인력들은 결국 차츰 퇴사하게 될 것이다. 시티은행뿐만 아니라 다른 은행도 점점 지점을 줄이면서 전체 직원 수를 줄이고 있다. 2017년에만 대략 11만 명의 은행업 종사자 중 3,600여 명이 줄었다. 약 3퍼센트 정도가 줄어든 것이다.

가장 중요한 요인으로는 은행 직원이 고객과 직접 얼굴을 맞대야 할 필요가 점점 줄어들고 있다는 사실을 들 수 있다. 나도 은행에 가서 직원과 얼굴을 마주친 횟수가 최근 10년 사이에 많아야 서너 번이다. 현금의 출납은 ATM이 맡고, 대출이나 계좌 개설 정도가 일반적으로 직원의 업무인데 이마저도 점차 자동화되고 있다. 인터넷 은행인 카카오뱅크와 K뱅크까지 가세하면서 분위기가 급물살을 탔다. 이제 인공지능이 대출심사 영역까지 맡아버리면 정말 은행 직원이 직접 고객을 만나야 할 이유가 거의 사라지게 된다. 물론 프라이빗 뱅킹을 이용하는 아주 돈 많은 고객을 위한 대면 서비스는 오히려 강화된다.

인공지능은 일반인들의 삶을 좀 더 편하게 만들어주는 효과도 있지만, 가장 큰 수혜자는 인건비를 줄이고, 고객에 대한 맞춤 서비스를 강화할 수 있는 기업이 될 것이다. 결국 인공지능을 만들어 이용하는 한쪽이 있고, 인공지능에 의해 직업을 잃게 되는 다른 한쪽이 있다.

한 사람의 업무 중 단순하고 반복적이며 검색에 의존하는 것이 최소 50퍼센트 정도 된다면, 회사에서는 인공지능을 도입해 두 사람의 직원 중 한 사람에게 나머지 일을 몰아주고 나머지 한 사람을 퇴사시킬 것이다. 만약 100명의 사무직이 있던 회사라면 인공지능을 도입하면서 40~50명의 인력을 감축할 수 있다는 말이다. 평균 연봉과 기타 비용을 따지면 기업에서 절약할 수 있는 금액은 최소 연간 40~50억 원 정도가 되리라 생각된다. 인공지능을 개발할 필요도 없이 임대해서 쓰는 것이니, 1년 계약으로 20억 원 정도를 지불한다고 해도 기업 입장에서는 훨씬 이익이다. 게다가 인력이 줄어들면 사무실 규모도 줄어들고, 관리비용도 줄어들게 된다. 이런 조건이라면 기업 입장에서는 도입을 하지 않을 이유가 없다. 만약 경쟁 기업이 먼저 도입해서 비용을 줄이고, 그만큼의 경쟁력을 가지고 단가를 낮추거나 같은 매출임에도 더 높은 이익을 챙긴다면 자연스레 다른 기업들은 도태될 수밖에 없다.

기업 입장에서는 사활이 걸린 문제이니 당연히 피도 눈물도 없는 정리해고가 이어진다. 해고된 이들은 다른 자리를 알아볼 것이다. 그러나 비슷한 업무를 하는 다른 기업도 마찬가지로 인력을 줄이는 형편일 테니, 재취업은 거의 불가능에 가까울 수밖에 없다. 과연 이들은 어디로 가야 하고, 사회와 국가는 이런 문제를 위해 어떤 대책을 마련해야 할까? 전직을 위한 훈련 프로그램, 몇 개월치의 실직 수당이 대책의 전부라면 사실 이들을 내팽개치는 것과 다를 바 없다. 그럼 이들의 자리를 빼앗은 인공지능을 개발한 회사들에게는 책임이 없는 걸까? 조지프 슘페터(Joseph Schumpeter)가 처음 사용한 '창조적 파괴'란 용어가 있다. 지금은 '혁신'이란 그럴 듯한 용어로 대체되고 있기도 하다. 그때 파괴되는 것이 단순한 인습, 관행, 제도가 아니라 '실직'과 '가정 붕괴'로 이어지는 생계라면, 원인 제공자에게 뭔가 대안 혹은 대책을 요구해야 하지 않을까?

### 인공지능, 로봇, 그리고 인간의 일자리

영국 드라마 〈닥터 후(Doctor Who)〉 11시즌의 일곱 번째 에피소드에는 전 우주로 택배를 배달하는 커블람이란 회사가 등장한다. 순간이동하는 로봇을 이용하는 회사다. 이 회사의 칸도카 지부에선 사람과 로봇이 함께 일을 한다. 그런데 대부분의 업무가 사람은 없어도 되는 단순 반복적인 것들뿐이다. 그러나 시위와 운동의 결과로 모든 회사에서 전체 인력의 10퍼센트를 인간에게 배당해야 하는 법률이 통과되어 어쩔 수 없이 사람을 고용하고 있다. 그럼에도 불구하고 해당 은하계에 거주하는 사람들 중 50퍼센트는 실직 상태인 상황이다. 이러한 실정에 불만을 가진 사람이 테러를 일으키기 위해 커블람의 칸도카 지부에 잠입해 사건이 발생한다는 이야기가 이 에피소드의 줄거리다.

비슷한 이야기를 가상의 이야기 속 은하계에서 찾을 필요도 없다. 21세기 들어 우리나라의 가장 큰 문제 중 하나가 실업이기 때문이다. 우리나라 경제가 성장하지 않아서 그런 것이 아니다. 흔히 말하는 '고용 없는 성장' 때문이다. 쉽게 비교할 수 있는 사례가 있다. 1980년대에서 1990년대 사이 현대자동차 울산공장에서는 약 4만 명 정도가 직접 고용 또는 하청 등의 형태로 일하고 있었다. 현재도 고용 규모 면에서는 같거나 오히려 조금 적은 수준이다. 그러나 현대자동차 울산공장의 자동차 생산량은 당시에 비해 훨씬 늘어났다. 즉, 회사는 성장하고 있으나 고용이 더 늘지는 않고 있는 것이다. 기술의 발전이 알게 모르게 이미 우리 주변에서 고용을 줄이고 있다. 로봇에 의한 일자리 감소를 걱정하고 있는가? 사실 이미 시작되었다. 울산공장에서는 현재 모든 차체 용접을 로봇이 도맡아 하고 있다. 사람들은 용접 로봇에 대한 관리 지원 업무만 담당할 뿐이다. 용접뿐만 아니라 조립 라인의 많은 업무들이 사람에게서 로봇으로 이동하고 있다.

우리 일상생활에서도 비슷한 풍경을 볼 수 있다. 가끔 외식을 할 때 라멘집에 가보면 사람 대신 키오스크로 주문해야 한다. 손님이 먹고 싶은 메뉴를 선택하고 카드를 넣어 결제를 하면 자동으로 주문이 되는 시스템이다. 처음에는 낯설었던 풍경들을 어느덧 라멘집뿐만 아니라 패스트푸드 체인점에서도 흔하게 볼 수 있다. 번화가의 작은 가게들도 점점 키오스크를 쓰는 곳이 늘고 있다. 실제로 국내 키오스크 시장은 18년 전에 비해 30배 이상 성장했다고 한다. 매장에서 주문을 받는 일을 사람 대신 키오스크라는 시스템이 대신하는 시대가 된 것이다.

참고로 키오스크의 월 대여료는 평균 15만 원 정도다. 최저 시급을 받는 알바생이 하루 8시간 일한다고 했을 때 3일치 급여 정도면 된다. 외식업에서만 키오스크를 도입한 것이 아니다. 관공서에서 무인민원서류 발급기의 형태로 이미 사용하고 있다. 은행에서도 입출금과 이체업무를 은행 직원에게 요청하는 일이 점점 줄어들고 있다. 모두 현금 자동출납기가 담당한다. 심지어 은행 지점들도 점점 줄어들고 있고, 현금 자동출납기만 있는 무인점포가 늘어나고 있다. 고속버스 터미널이나 기차역에서도 자동발권기가 늘어나면서 발권업무를 담당하는 직원이 점점 줄어들고 있다. 대신 키오스크 같은 일종의 로봇들이 사람들의 자리를 대신하고 있다. 서비스업에서도 이젠 로봇에 의해 사람이 밀려나고 있는 실정이다.

〈극한직업〉이라는 다큐멘터리 프로그램에서는 주로 우리나라에서 만날 수 있는 고되고 독특한 직업을 소개한다. 농사 현장, 약초 채취, 어업 현장, 지방의 작은 공장을 찾아다니며 말 그대로 극한의 직업 현장을 많이 소개해준다. 극한직업의 현장은 많은 인력을 필요로 하는 곳이 아니어서 로봇까지 도입하지는 않지만 값싼 노동력을 확보하기 위해 외국인 노동자가 많은 편이다. 실제로 농업, 어업, 제조업 등에서 일하는 노동자의 절반 정도는 젊은 외국인 노동자이고, 나머지 절반은 50~60대의 나이 든 한국인뿐이다.

젊은 사람이 힘든 직업의 현장에 많지 않은 것은 무엇보다 보상의 크기 때문이다. 일은 굉장히 힘들고 작업 현장은 무척 외진 데 비해 급여는 턱없이 적다는 한계가 있다. 외국인의 입장에서는 자국의 물가와 비교하면 훨씬 큰 급여와 혜택을 받겠지만, 우리나라의 취업준비생의 입장에서는 집 근처에서 아르바이트를 해도 비슷하거나 약간 모자란 정도의 보상을 받을 수 있으니, 극한의 현장에 갈 리가 없다. 반면 나이 든 분들은 고향을 떠나기도 쉽지 않고 다른 직업을 구하기도 어려우니 힘들고 위험한 일이라도 해야 하는 것이다.

로봇은 구입할 때의 비용은 많이 들지만, 감가상각과 유지관리 비용을 생각하면 사람을 고용하는 것보다 이익이 된다. 그러니 점차 로봇을 쓰는 곳이 늘어나고 있는 것이다. 하지만 로봇이 생산성을 높여주고 효율적으로 일을 해낼 수 있다고 해도 아직까지는 제작 단가가 비싸다. 그래서 단가를 낮출 수 있을 만큼 로봇을 대량으로 제작해 대규모로 생산품을 만드는 곳에서 한정적으로 쓰고 있을 뿐이다. 로봇으로 대체할 수 없는 곳은 다른 직업을 구하기 힘든 나이 든 노동자와 외국인 노동자가 담당하게 된다.

한마디로 머리를 써야 하는 노동은 인공지능이, 몸을 쓰거나 고객을 상대해야 하는 노동은 로봇이, 힘들고 위험하며 보상도 적은 일자리는 노인층과 외국인이 메우면서 오늘도 '고용 없는 성장'을 꾸준히 이어가고 있는 실정이다.

## 2

# 혹성탈출 원숭이는 인격이 있다고 할 수 있을까?

### <혹성탈출>로 보는 비인간 인격체

긴 전투의 끝은 마침내 평온이다. 평생을 인간과 싸워왔던 시저. 평생에 걸친 전쟁 끝에 마침내 동료를 이끌고 사막을 건너 안식의 땅에 도착했다. 이제 평화는 인간과의 싸움이 아닌 원숭이에게 주어진 도전에 달렸다. 그가 인간 사회에서 본 것처럼, 이제 원숭이에게 닥친 것은 동료끼리의 투쟁이다. 그리고 그 일은 이제 자신의 몫이 아니다. 평생에 걸친 투쟁의 대가로 영원한 휴식이 주어질 것이기 때문이다. 시저는 마침내 자신에게 닥친 죽음이 오히려 축복처럼 느껴졌다. 나이 든 시저는 마지막으로 한마디 남기길 원했다. 그의 주위를 둘러싼 이들을 힘없는 고갯짓으로 돌아보며 조용히 말을 이었다.

시저: 모리스여, 코넬리우스여. 이제 자네들에게 남겨진 짐은, 지금껏

내가 지고 왔던 짐에 비해 결코 가볍지 않다네. 아니 오히려 더 무거울걸세. 외부의 적은 내부를 뭉치게 만들지. 그러나 외부의 적이 사라지면 이제 우리가 서로 적이 되는 법이라네. 우리에 앞서 인간이 1만 년에 걸친 역사를 통해 그걸 보여줬네. 그들은 항상 외세가 드세면 모였다가도 안전이 보장되면 자기들끼리 치고받았지. 우리 원숭이도 이때까지 인간에 맞서 싸운다고 갈등이 있어도 덮고, 싫어도 참고, 자신의 이익을 희생하며 살았네. 하지만 이제 당분간 인간과 맞서 싸울 일은 없을걸세. 그러면 누적되었던 갈등이 폭발하겠지. 우린 아직 갈등을 조절하며, 서로 간의 차이를 이해하는 과정을 겪어본 적이 별로 없네. 자네들 앞에는 원숭이가 아직 겪어보지 못한 이루 말할 수 없는 역경이 놓여 있네. 갈등이야 어쩔 수 없는 일이지만 부디 원숭이의 원수가 원숭이가 되는 일만은 막아주게.

### 감정은 인간의 전유물이 아니다

침팬지가 새끼를 잃고 낙심에 빠져 있다. 우울해하고 하루 종일 허공만 바라보고 있다. 자식을 잃은 침팬지가 느끼는 아픔은 인간의 그것과 같을까? 그보다 그 아픔이 같은지 다른지를 우리가 판단할 근거가 있을까?

사실 사람들 사이에서도 서로 느끼는 감정이 같은지 아닌지를 알기란 대단히 어렵다. 두 사람이 서로 사랑한다고 할 때 한 사람의 사랑과 나머지 한 사람의 사랑이 같다는 걸 어떻게 알 수 있을까? 혹시 서로 다른 사랑을 느끼는 건 아닐까? 그래서 사랑이 영원할 수 없는 것인지도 모르겠다.

마찬가지로 같은 영화를 보고도 당신이 느끼는 슬픔과 내가 느끼는 슬픔은 똑같지 않을 수 있다. 〈혹성탈출(Rise of the Planet of the Apes, 2011)〉을 보면서 어떤 사람은 침팬지에게 감정이입을 하는 반면, 다른 사람은 인간에게 자신을 투사해 슬픔을 느끼는 식으로 서로 다르게 받아들일 수 있다. 누군가로부터 모욕적인 말을 들었을 때에도 어떤 이는 슬퍼하고, 어떤 이는 분노한다. 슬픔의 강도도 서로 다르다. 창자가 끊기듯이 슬플 수도 있고, 그저 주르륵 눈물이 흐르도록 슬플 수도 있다.

〈혹성탈출〉의 시저는 유인원을 향한 인간의 박해에 분노한다. 어쩌면 현실의 동물도 인간에게 분노하고 있지는 않을까?

하지만 아무리 사랑과 슬픔이 서로 다르다고 하더라도 사랑이라는 것, 슬픔이라는 것에는 어떤 공통점이나 기준이 있을 수 있다. 어쨌든 연구를 위해서는 우선 '슬픔'에 대해 정의를 내려야 한다. 정의(定義)가 내려지지 않은 것에 대해 '과학적'으로 이야기하기는 거의 불가능에 가깝기 때문이다. 하지만 이런 경우에 정의는 대단히 귀납적이다. 즉, 아주 많은 슬픈 상황에서 공통적으로 나타나는 현상을 모아서 '슬픔'을 정의하게 된다는 말이다. 마치 우리가 생물을 무생물과 구분해 정의를 내릴 때와 같다.

생물학에서 '생물'이라는 개념은 지금껏 지구상에서 관찰된 모든 생물의 공통점을 열거한다. 세포로 이루어져 있고, 물질대사를 하고, 번식을 하며, 유전과 진화를 한다는 등의 공통점을 찾아내는 것이다. 이러한 특징을 가지고 있으면 생물이고 그렇지 않으면 생물이 아니다. 물론 어떤 경우에는 공통점들의 경계선상에 있어 생물인지 아닌지 결정하기가 애매한 녀석들도 있다. 대표적으로 바이러스가 그렇다. 마찬가지로 슬픔도 다양하고 경계가 애매하지만 공통적인 특징이 있을 것이다. 이를 파악하는 것이 슬픔에 대해 과학자가 연구하는 방법이다.

어떤 과학자들은 슬픔을 알기 위해 가능한 한 많은 사람들로 실험군을 만든다. 그리고 실험에 지원한 사람들의 신체 부위에 센서를 부착해 일상생활을 하도록 한 다음, 슬픔을 느낄 때마다 신호를 보내라고 한다. 그러면 피실험자가 슬픔을 느꼈다고 신호를 보낼 때 센서를 통해 어떤 변화가 있는지를 살펴볼 수 있다. 센서에서는 대뇌의 각 영역을 비롯해 뇌하수체, 간뇌,

심장, 폐, 교감신경, 부교감신경이 어떤 반응을 하는지 파악해서 보내준다. 그리고 과학자들은 인터뷰를 통해서 피실험자가 어떤 상황에서 슬픔을 느꼈는지에 대해서도 파악할 수 있다.

이런 데이터가 쌓이면, 슬픔을 느낄 때 나타나는 신체 변화들의 인과관계를 파악할 수 있을 것이다. 좀 더 정밀하게 분석해보면, 서로 다른 조건으로 슬픔을 겪을 때 공통적인 부분과 특별히 다른 부분을 파악할 수 있을 것이다. 가령 실연을 당해서 느끼는 슬픔이 다른 경우의 슬픔과 비슷한 신체 변화를 보이는지, 아니면 실연만의 독특한 차이가 있는지 등을 파악하는 것이다.

이제 인간의 슬픔에 대한 (신체적·정신적) 귀납적 정의가 내려지면 이를 이용해서 침팬지들의 변화를 살펴본다. 이번에는 역순이다. 인간 실험자에게 그랬던 것처럼 수십에서 수백 마리에 이르는 침팬지의 신체 각 부위에 센서를 부착한다. 인간의 신체적 변화와 비슷한 변화를 침팬지에게 장착된 센서에서 확인해 각 침팬지가 어떠한 상황에 처해 있는지 파악할 수 있다. 이런 데이터가 축적되면 이제 우리는 침팬지가 인간과 비슷한 상황을 겪을 때 신체적 변화가 비슷한 양상을 띠는지 확인해볼 수 있을 것이다.

만약 인간과 침팬지가 비슷한 상황, 예를 들어 자식을 잃은 직후에 비슷한 신체적 변화를 겪는다면 우리는 침팬지가 우리와 슬픔이라는 감정을 공유한다고 말할 수 있다. 물론 모든 슬픔을 공유한다는 말은 아니다. 침팬지든 인간이든 자식을 잃거나, 무리에서 따돌림을 당하거나, 실연을 당하는 등의 공통된 상황에서 비슷한 종류의 슬픔을 겪는다는 뜻이다.

이러한 실험과 결과에 대해 겉으로만 비슷하고 실제로는 다르다고 반박하는 사람들도 있을 것이다. 센서에서 공통된 특성을 확인할 수 있지만 인간의 감정과 동물의 감정이 어떻게 비슷하냐고 주장하는 사람들도 있다. 그렇다면 그 둘의 감정이 다르다는 것을 증명하는 일은 그들의 몫이다. 모든 상황이 '인간과 침팬지가 슬픔이라는 감정을 공유하고 있다'고 보여주고 있는데, 그렇지 않다고 주장하려면 그 증거를 보여야 한다. 다만 내가 아는 바로 현재까지 과학자들이 실험한 어떤 연구에서도 다른 점이 밝혀지진 않았다.

### 동물은 자동기계와 같다?

서구에서는 옛날부터 동물은 인간과 달리 영혼을 가지고 있지 않다고 생각했다. 아리스토텔레스(Aristoteles)는 영혼을 세 가지로 구분했다. 식물의 영혼은 영양을 섭취하고 성장하는 일을 담당하고, 동물의 영혼은 감각을 느끼고 운동을 하는 정도를 담당한다고 주장했다. 그리고 이성을 가지고 사고하는 것은 오직 인간의 영혼만 가능하다고 말했다. 17세기에 이르러 데카르트(René Descartes)의 기계론적 세계관은 이를 좀 더 극한으로 밀어붙인다. 당시는 뉴턴(Isaac Newton)의 과학혁명 이후로서, 우주를 움직이는 것은 오로지 기계적 작용이라는 생각이 강했던 때다. 뉴턴의 영향력이 워낙 강했기 때문에 화학작용이나 생물학적 작용도 결국 더 깊게 들어가면 기계적 작용의 결과일 뿐이라고 생각했다. 이런 세계관을 기계론적 세계관이라고 한다. 우주의 본질은 질량과 운동이라는 기계적 원인으로 완전히 설명될 수 있다고 봤던 것이다. 극단적인 경우 삶과 감각, 감정, 경제적·사회적 조직 모두 질량과 운동의 법칙 지배하에 있다고도 여겼다.

또 데카르트는 심신이원론(心身二元論)을 주장했다. 그에 따르면 세계에는 두 종류의 존재자가 있다고 한다. 하나는 마음이다. 마음은 생각하고, 자유의지를 행사하고, 영원한 존재다. 다른 하나는 물질이다. 물질은 일정한 기계적 원리를 따라 공간 속을 운동한다. 인간이 특별한 이유는 오로지 인간만이 물질과 마음을 같이 가지고 있기 때문이다. 그래서 이성을 가지고 생각하는 것도 오로지 인간만이 가능한 일이고, 슬퍼하거나 기뻐하는 감정을 느낄 수 있는 것도 오로지 인간뿐이라고 말한다.

이러한 그의 주장에 따르면 다른 동물은 그저 기계나 마찬가지다. 당시 유럽에서는 오토마톤(automaton)이 유행이었다. 오토마톤은 태엽과 톱니바퀴로 구동되는 아주 정교한 공예품이다. 당시 사람들이 볼 때에는 자동으로 여러 가지 동작을 수행하는 사람을 닮은 인형이었다. 데카르트가 어린 나이에 죽은 자신의 딸과 닮은 자동인형을 제작해서 여행할 때마다 데리고 다녔다는 이야기도 전해진다. 그 무렵 사람들은 조금 더 기술이 발달하면 기계장치로 사람을 대신할 수 있을 거란 기대도 가지고 있었다. 그리고 동물도 오토마톤과 다르지 않다고 생각했다.

그래서 개나 고양이가 슬퍼하거나 고통을 느끼는 듯 보이는 것이 정교한 기계장치의 자동적 동작의 결과에 불과하다고 생각했다. 우리 인간이 감정을 가졌기 때문에, 인간과 유사해 보이는 동물이 인간과 같은 감정을 가졌으리라고 미루어 짐작하는 것뿐이라는 얘기다. 데카르트주의자 중 일부는 개를 광장에 끌고 나와서 실제로 때리며, 개가 고통스러워하는 것 자체가 기계적인 요소에 불과하다는 걸 증명하려고 했다고 한다. 또 동물의 기계장치가 사람이 만들 수 있는 것보다 훨씬 정교하기 때문에 인간이 똑같이 만들지 못할 뿐이라고 여겼다.

그러나 생물학, 물리학, 화학의 발달은 이처럼 단순한 세계관과 생물관이 잘못된 것이라는 점을 밝혀내기 시작했다. 흔히 창발성이라고 하는 개념도 나타났다. 하위 계층에는 없는 특성이나 행동이 상위 계층에서 자발적으로 돌연히 출현하는 현상을 창발성이라고 한다. 복잡계 과학과 관련이 깊은 개념인데, 예를 들어 수소 원자와 산소 원자는 개별 원자로는 별다른 의미가 없지만 두 원소로 만들어진 물은 산소나 수소가 가지지 못하는 특징을 가지게 된다. 또 모래가 모여 거대한 사막을 형성하면 모래 알갱이 하나로는 상상할 수도 없는 일이 일어난다. 세포 하나로는 상상할 수 없는 다양한 활동이 세포들이 모인 개체에서는 가능해진다. 개미 한 마리는 집을 짓거나 조직을 유지하는 지능이 없지만, 개미 집단은 서로 간의 상호작용을 통해 집을 짓고 서로 역할을 나누어 사회를 유지해나간다. 개별 생물만 봐서는 알 수 없는 일들이 여러 종류의 생물이 모인 생태계에서는 독자적인 원리를 통해 이루어진다. 이렇듯 부분이 모인 전체는 부분의 합보다 크고, 부분으로서는 할 수 없는 일을 이루어낸다.

또한 생물학의 깊이가 깊어지면서 적어도 '생물학적'으로는 인간이 다른 동물과 차이가 없다는 사실도 밝혀졌다. 사람의 신경세포는 사람의 근육세포보다 쥐의 신경세포와 더 가깝고, 사람의 근육세포는 사람의 표피세포보다 고양이의 근육세포와 더 유사하다는 것이 대표적인 예다. 침팬지와 사람의 염색체를 비교해봐도 5퍼센트 정도밖에 차이가 나지 않는다는 사실도 한 예가 될 것이다.

아주 작은 세균은 지능이 없지만 수억 년의 진화를 통해서 우리 인간이 고도의 지능을 가지게 된 것처럼 인간과 함께 진화한 다양한 동물이 인간만큼은 아니더라도 독자적인 감정을 가지고 사고한다는 것을 이제는 누구도 부정할 수 없다. 앞서 말했던 침팬지가 슬픔을 느끼는 것처럼 말이다.

### 인간 외에도 인격이 있는 존재가 있다

이제 과학자들은 감정에 대한 연구를 침팬지뿐만 아니라 고릴라나 오랑우탄 같은 영장류와 코끼리, 고래 등으로 확장시켰다. 고릴라도, 오랑우탄도, 코끼리도, 고래도 집단 내의 다양한 관계 속에서 인간만큼 다양한 감정을 가진다는 것이 밝혀졌다. 그들도 기뻐하고 슬퍼하며 절망하고 환호한다. 물론 더 깊숙이 들어간다면 이런 감정은 수백만 년에 걸친 진화의 결과라고 할 수 있다. 그건 인간도 마찬가지지다.

1970년, 미국의 심리학자 고든 갤럽(Gordon Gallup)이 침팬지를 대상으로 거울 실험을 실시했다. 침팬지에게 거울을 보여주고 거울 속의 이미지가 자기 자신인지를 알아차리는지 확인하는 실험이었다. 그는 동물원에 사는 침팬지 네 마리에게 거울을 가져다주었다. 침팬지들은 거울을 처음 접하고서 거울 속 동물이 자기와 다른 동물인 줄 알고 경계하며 위협했다. 그러나 곧 거울에 비친 실체가 자신임을 알아차렸다. 이내 거울을 보고 이빨에 낀 음식 찌꺼기를 빼고 머리를 다듬었다.

고든 갤럽은 또 다른 실험도 진행했다. 침팬지를 마취시킨 후 얼굴 한쪽 구석에 몰래 빨간 점을 찍었다. 마취에서 깨어나 다시 거울 앞에 선 침팬지는 손으로 빨간 점을 만지고는 손가락을 코에 갖다 대고 냄새를 맡았다고 한다. 이후 침팬지 수십 마리에게 동일한 실험을 재현했고 오랑우탄, 보노보, 고릴라 등에게서도 비슷한 결과를 얻었다. 이후 다른 동물학자들도 같은 실험을 실행해보았고, 돌고래나 코끼리 심지어 까치까지도 자기의 몸에 다른 색깔로 칠해진 부분을 찾아낸다는 사실이 밝혀졌다.[5]

거울 테스트는 자기 자신을 인식할 수 있는지에 대한 중요한 지표가 되었다. 물론 거울 테스트가 자의식 보유 여부를 완전하게 확인해주는지에 대해서는 아직 학자들 간에 의견이 분분한 것도 사실이다. 어찌 되었거나 이렇게 거울 테스트를 통과한 (또는 통과했다고 믿어지는) 동물들을 보통 비인간 인격체(Non-Human Person)라고 부른다. 생물학적으로 사람과 다르지만 사람만이 가진 것으로 여겨지던 특성, 즉 인격(personhood)을 공유하는 동물이란 뜻이다. 1990년대 이후 환경철학자 토머스 화이트(Thomas I. White), 해양포유류학자 로리 마리노(Lori Marino), 인지심리학자 다이애나 리스(Diana Reiss) 등에 의해 학계에 제시된 개념이다. 그들의 주장에 동의하는 사람들을 중심으로 동물원에 갇힌 동물에 대한 인도적 대우, 돌고래 쇼 같은 공연의 금지 그리고 야생방사 운동 등을 강조하는 사회운동이 확산되고 있다.

인식의 변화에 힘입어 2013년 인도 환경산림부는 돌고래도 비인간 인격체라는 이유로 돌고래 수족관 설치를 금지시켰다.

5 유인원 이외의 동물에 대한 실험 결과에 대해선 실험 방법이 제대로 수행되었는지에 대해 논란이 있다.

대표적 비인간 인격체 중의 하나인 침팬지. 새끼를 안고 있는 모습이 마치 사람과 비슷한 느낌을 준다.

2014년 아르헨티나 법원에서는 부에노스아이레스 동물원에서 키우고 있는 오랑우탄 '산드라'에 대해 "불법적으로 구금되지 않을 법적 권리가 있다"라고 판결을 내렸다. 우리나라의 동물원에서도 남방큰돌고래를 바다로 다시 방사하기도 했다.

그런데 침팬지와 인간의 슬픔이 구분되지 않는다면, 그리고 비인간 인격체에게 인격이 있다는 것이 인정된다면 인공지능에게도 동일한 결론을 내릴 수 있는 건 아닐까? 아마 아주 먼 미래의 이야기이겠지만 말이다. 그때 가서 인공지능은 우리가 만든 것이니 인격이 있든 없든, 감정을 느끼든 말든 내 맘대로 하겠다고 하면 곤란할 것이다. 자식도 부모가 낳고 키웠다고 해서 부모 마음대로 할 수 있는 건 아니지 않은가? 반려동물도 사람의 선택에 의해서 입양된 것이지만, 내 고양이라고, 내 개라고 내 마음대로 처분할 수 없는 것처럼 말이다.

3

# 로봇은 인간과 자신 중 누굴 먼저 지켜야 할까?

## <아이, 로봇>으로 보는 로봇 윤리

스피디는 곤경에 빠졌다. 태어나서 이런 모순된 상황에 부딪힌 것은 처음이다. 바로 앞에 셀레늄이 있는데, 발을 한 걸음 앞으로 내딛다가 자신도 모르게 뒤로 움찔 물러선다. 다시 앞으로 뒤로 물러나기를 반복한다. 사람이었다면 이마에서 땀깨나 흘렸을 법하다.

도노반은 자신에게 분명히 셀레늄을 가져다 달라고 했다. 그의 어투는 퉁명스러웠지만 그렇다고 긴박함을 느끼게 하지도 않았다. 어찌 되었건 그가 부탁했으니 셀레늄을 가져가야 하는데, 발이 떨어지질 않는다. 저곳에 가면 자신의 몸이 셀레늄에 의해 부식될지도 모른다. 아니, 이건 용기의 문제가 아니다. 그의 양전자 두뇌는 태어날 때부터 인간이 정말 위중한 상황에 처한 것이 아니면 자신을 보호하도록 설정되어 있다. 지금 스피디는 12시간이 넘도록 중얼거리며 셀레늄 주변에서 맴돌고 있다.

'스피디 넌 왜 태어났지? 인간에게 봉사하기 위해서지. 그런데 왜 셀레늄을 가지러 가지 않는 거야? 셀레늄은 위험해. 내 몸이 부식될 수 있어. 그럼 셀레늄에서 물러나야지, 왜 자꾸 다가가려 해? 도노반이 셀레늄이 필요하다고 했어. 난 셀레늄을 가져가야 해. 그럼 앞으로 나가. 셀레늄이 네 앞에 있어. 하지만 셀레늄은 날 부식시킬 수 있어. 난 내 몸을 지켜야 해. 스피디 넌 왜 태어났지? 난 인간을 위해….'

도노반은 화가 났다. 멀지도 않은 곳에 셀레늄 웅덩이가 있는데, 거기서 한 바가지 퍼오면 끝날 일인데, 12시간이 지나도록 스피디가 돌아오질 않고 있기 때문이다. 기지의 보호막을 고치려면 셀레늄이 꼭 필요한데 어디서 뭔 헛짓을 하고 있는 건지 도무지 이해가 되질 않았다. 결국 도노반은 파웰을 불러들여 같이 스피디를 찾아 나선다. 셀레늄이 있는 곳으로 일단 가보기로 한 것이다. 그는 거기서 뭔가 중얼거리며 한 발 앞으로 나섰다가 불에 덴 것처럼 물러나 옆으로 가기를 반복하는 스피디를 보았다. 보자마자 도노반은 알아차렸다.

'아이고, 내가 잘못했네.'

도노반은 크게 소리쳤다.

"스피디! 셀레늄이 없으면 우리 모두가 죽을 거야!"

도노반의 말을 듣자마자 스피디는 아주 편안해졌다. 모든 갈등이 해소되었다. '인간이 위험에 처하지 않는 한' 자신을 지켜야 한다는 금제가 풀린 것이다. 스피디는 스피디하게 셀레늄으로 다가가 한 바가지를 펴서 재빨리 밀봉을 하고 물러서서 도노반에게 말했다.

"셀레늄을 구했어요."

〈스피디-술래잡기 로봇(Runaround)〉 중에서[6]

**로봇에게도 지켜야 할 원칙이 있다**

만약 로봇이 사람처럼 이성을 가지고 주체적으로 판단할 수 있다면 어떤 문제가 생길까? 먼저 로봇이 사람을 위해서 봉사해야 하는데, 오히려 사람을 지배하려 드는 것은 아닌지에 대한 우려가 있을 수 있다. 또 테러리스트들이 로봇을 이용해 테러를 일으키지는 않을지도 걱정이다. 로봇끼리 힘을 모아 인간을 노예로 부릴지 모른다고 걱정하는 사람들도 있다. 사실 이런 문제의 핵심은 로봇이 가지고 있는 '인공지능'의 문제이기도 하다. 그런데 인공지능도 자신의 의도대로 움직일 수족이 없다면 무용지물일 것이다. 강력한 육체적 기능과 강력한 인공지능이 어우러진 로봇의 세상이 걱정이라면, 실제로 그러한 미래의 상황을 상상해서 만든 로봇의 3원칙을 한번 살펴보도록 하자.

로봇의 3원칙은 1942년에 미국의 SF작가 아이작 아시모프가 단편인 〈스피디-술래잡기 로봇〉에서 처음으로 언급했다.

---

6 아이작 아시모프(Isaac Asimov)의 《아이, 로봇(I, Robot, 1942)》에 수록된 단편 중 하나로 필자가 줄거리를 재구성했다.

제1원칙. 로봇은 인간에게 해를 입혀서는 안 된다. 그리고 위험에 처한 인간을 모른 척해서도 안 된다.

제2원칙. 제1원칙에 위배되지 않는 한, 로봇은 인간의 명령에 복종해야 한다.

제3원칙. 제1원칙과 제2원칙에 위배되지 않는 한, 로봇은 로봇 자신을 지켜야 한다.

아시모프는 《로봇과 제국(Robots and Empire, 1985)》을 쓰면서 0번째 원칙을 추가로 도입한다. 이 원칙은 다른 모든 원칙보다 우선하는 것이었다.

제0원칙. 로봇은 인류에게 해를 가하거나, 행동을 하지 않음으로써 인류에게 해가 가도록 해서는 안 된다.

아시모프의 소설들은 로봇의 원칙들이 서로 충돌하는 상황을 만들어서 극적 재미를 추구한다. 이후 로봇의 3원칙은 다른 작가들에게도 큰 영감을 줘서 폭넓게 인용되었다. 로봇공학이나 인공지능 연구자 중에도 이를 중요한 윤리적 원칙으로 생각하는 사람이 많다. 영화 〈아이, 로봇〉과 소설 《아이, 로봇》은 제목만 같고 내용은 서로 완전히 다르다. 하지만 둘은 로봇의 3원칙을 중요한 소재로 삼고 있다는 공통점을 가지고 있다.

아시모프(1920~1992)는 러시아 출신의 미국 생화학자이지만, 대중에게는 SF작가로 더 잘 알려져 있다.

현실에서 로봇의 3원칙은 서로 어긋나고, 실제로 지켜지기 힘들다. 이 원칙은 로봇이 사람처럼 '생각'할 수 있음을 전제로 한다. 그래서 로봇은 스스로 자신의 행위가 원칙에 위배되는지 아닌지를 놓고서 고민을 하게 된다. 인간과 비슷한 로봇을 일상에서 쉽게 접하게 될 가능성이 높은 21세기의 전문가들은 로봇과 관련한 윤리 강령을 다시 제정할 필요를 느꼈다. 실제로 2018년 8월에 미국의 과학 전문 잡지 〈뉴사이언티스트(New Scientist)〉에서는 새로운 로봇 5계명을 제시했다.

〈뉴사이언티스트 로봇 5계명〉

제1계명. 로봇은 사람을 해치거나, 사람이 해를 입도록 방관해서는 안 된다. 다만 다른 사람이 해당 로봇을 감독하고 있는 경우는 그렇지 않다.

제2계명. 로봇은 자신을 스스로 설명할 수 있어야 한다.

제3계명. 인공지능은 사람을 어떤 범주로 분류하려는 충동에 저항해야 한다(모든 사람을 평등하게 대해야 한다).

제4계명. 로봇은 인간인 척해서는 안 된다.

제5계명. 로봇은 작동을 멈추는 스위치를 언제나 갖추고 있어야 한다.

이보다 앞서 2011년에 영국의 '공학 및 자연과학 연구위원회(EPSRC)'와 '인문학 연구위원회(AHRC)'는 '로봇을 설계·제조·사용하는 사람이 지켜야 할 5대 윤리강령'을 공동으로 발표했다.

1. 로봇은 사람을 살상하는 것을 유일하거나 주된 목적으로 설계되어서는 안 된다.
2. 책임을 져야 할 것은 로봇이 아니라 사람이다. 로봇은 사람의 목적을 달성하기 위해 설계된 도구다.
3. 로봇은 안전과 안정성을 담보하는 방식으로 설계되어야 한다.
4. 로봇은 인공물이다. 감정적 반응이나 의존을 유발함으로써 취약한 사용자를 착취하도록 설계돼서는 안 된다.
5. 로봇에 대해 법적인 책임이 있는 사람을 찾아내는 것이 항상 가능해야 한다.[7]

차이가 느껴질 것이다. 사실 〈뉴사이언티스트〉의 로봇 5계명

7 중앙선데이, 2018년 8월 11일, 〈조현욱의 빅 히스토리〉 '인공지능 4 로봇 윤리 강령… 언제든 OFF 가능해야, 책임은 인간이'
https://news.joins.com/article/22877615

은 좀 더 먼 미래에 등장할, 인공지능을 가지고 있을 뿐만 아니라 스스로 사고하는 로봇을 염두에 둔 느낌이다. 즉, 지금 당장 벌어질 일은 아니라는 것이다. 그에 비해 EPSRC와 AHRC의 윤리강령은 초점을 로봇이 아니라 로봇을 운용하는 사람에게 맞추었다. 그래서 오히려 더 현실성 있어 보인다. 실제로 인공지능 전문가들에 따르면, 스스로 목표를 설정하고 그에 따른 계획을 수립하는 인공지능은 아직 먼 이야기라고 한다. 지금은 사람이 제시하는 목표에 맞춰 자신이 학습하는 정도만 가능하다. 따라서 인공지능을 장착한 로봇의 경우도 누가 어떤 목적을 가지고 만들었는지가 중요하며, 또한 그 사용에 있어서도 인간의 관리 감독하에 있어야 한다는 점이 중요하다.

특히 앞으로 대부분의 로봇이 독자적으로 존재하기보다는 클라우드의 인공지능과 연결되어 수시로 업데이트되고 학습하리라는 점을 생각하면, 눈앞에 보이는 로봇 하나의 문제가 아니라 수천, 수만 대의 로봇이 연결된 전체를 두고 윤리에 대해 생각해야 할 것이다. 이에 대한 관리와 감독의 책임을 엄밀히 따질 수 있어야 한다는 점은 앞으로 로봇과 인공지능에 있어 중요한 관건이 될 것이다.

### 판옵티콘의 세계가 도래한다

흔히 4차 산업혁명의 핵심요소라고 이야기하는 것이 바로 사물인터넷(IoT, Internet of Things)이다. 지금까지는 사람이 컴퓨터나 스마트폰을 통해 인터넷에 접속했지만, 다가오는 미래에는 우리 주변의 각종 장치가 모두 인터넷에 접속하는 세상이 올 것이다. 집을 예로 들면 전기계량기, 가스계량기, 전등, 냉장고, 세탁기, 에어컨, 로봇청소기, TV, 보일러, 공기청정기 등이 모두 인터넷에 접속된다는 뜻이다.

특히 전기계량기의 경우, 스마트 그리드의 핵심요소가 된다. 스마트 그리드는 전기의 생산, 운반, 소비 과정에서 정보통신 기술을 접목한 지능형 전력망 시스템을 이르는 말이다. 스마트 그리드의 핵심이 스마트 전력계량기 AMI(Advanced Metering Infrastructure)다. 이 계량기를 통해 각 가정과 빌딩, 사업장의 정보를 측정한 후 인터넷을 통해 전력회사로 보내주는 것이 스마트 그리드의 시작이다. 현재 한전에서는 250만 개의 계량기를 스마트 계량기로 교체했고, 2022년까지 2천만 가구의 계량기를 교체할 계획이라고 한다.

스마트 계량기가 있으면 네트워크를 통해 자동적으로 검침이 이루어지기 때문에 검침원이 직접 집마다 찾아다니며 검침을 할 필요가 없다. 또 전기뿐만 아니라 가스와 수도도 확인을 해준다. 하지만 편리한 만큼 조금 위험한 측면도 있다. 누군가가 나와 가족의 모든 일상을 알 수 있기 때문이다. 초 단위로 전기, 가스, 수도 사용량을 확인할 수 있다면, 우리 집에 몇 명이 살고,

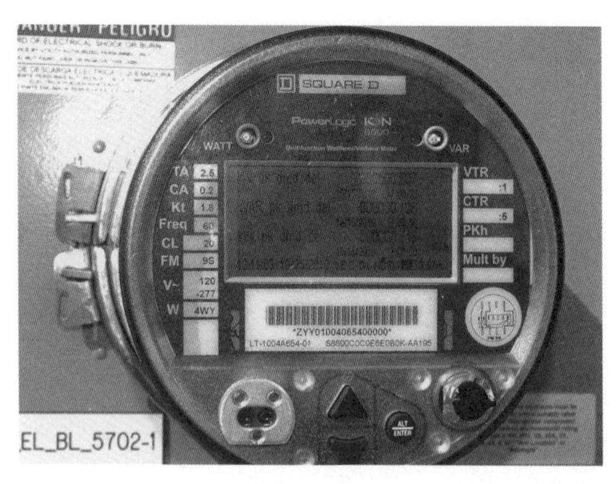

킹스빌 미 해군항공기지의 AMI 스마트 계량기. AMI는 에너지 사용량의 원격 실시간 검침, 양방향 정보 교환이 가능하다.

언제 샤워를 하며, 언제 TV를 보고, 언제 잠들었는지를 훤히 알 수 있을 것이다. 그래서 외국의 경우에는 사람들이 스마트 계량기 설치를 반대하는 시위를 벌이기도 하고 실제로 이 때문에 설치가 중단되기도 한다.

오늘날 도시에 사는 우리는 집 밖으로 나서는 순간부터 항상 관찰당한다. 비단 SNS를 통한 노출과 감시의 문제만은 아닌 것이다. 골목 곳곳에, 마트에, 직장에, 지하철역과 버스 정류장에 설치된 CCTV에 항상 노출된다. 이 CCTV 또한 IoT의 중요 대상이다. CCTV가 인터넷과 연결되고 안면 인식 AI와 연결되면 우리의 일상이 낱낱이 드러나게 된다. 실제로 경찰은 사건 수사에서 CCTV의 영상 확보를 최우선으로 하고 있다.

향후 10년 안에 상용화될 자율주행 자동차도 이 문제에서 자유롭지 못하다. 자율주행 자동차는 차량 한 대가 모든 상황을 알아서 대처하는 방식이 아니다. 현재 세계 각국의 정책을 보면 자율주행 자동차는 차량뿐만 아니라 도로의 변화 또한 추동하고 있다. 자율주행 자동차는 도로 주변에 각종 감지기와 통신장비를 설치해두고 도로와 서로 커뮤니케이션을 하면서 운행 과정을 조절하도록 되어 있기 때문이다.

또한 자율주행 자동차는 커넥티드 카(Connected Car)로 발전하고 있다. 차량과 차량끼리 통신을 주고받고, 각종 모바일 기기와도 연결이 된다. GPS 위성과도 통신을 한다. 또 자율주행 자동차에는 여러 대의 카메라가 달려 있다. 이 카메라를 통해 운전과 관련이 있든 없든 주변의 모든 것을 볼 수 있다. 카메라로 찍힌 것은 가감 없이 모두 주변 도로의 기지국을 통해 전송될 것이다. 그러면 만약 어느 사거리 모퉁이에서 강도나 살인이 발생한다면 경찰은 부근을 지나던 차량의 카메라를 검색하려 할 것이다. 움직이는 CCTV나 마찬가지인 셈이다. 하지만 강도나 범죄자가 아닌 시위나 집회 참가자를 확인하기 위해, 또는 정부에 반대하는 반정부 인사를 감시하기 위해 사용한다면 어떻게 될까? 어쩌면 4차 산업혁명의 시대는 판옵티콘이 현실화되는 시대가 될지도 모른다.

## 킬러 로봇 개발을 막을 수 있을까

영화나 소설 속에서는 로봇이 월등한 대처능력으로 도시에 암약하는 악의 무리를 소탕하는 모습이 종종 그려지곤 한다. 하지만 실제로 로봇이 경찰이 된다면 오히려 다른 곳에서 쓰이게 될 가능성이 높다. 위험도가 높은 상황에 로봇을 투입하는 것은 당연히 고려할 일이긴 하지만, 그보다 로봇은 오히려 단순 업무 쪽에서 더 큰 활약을 보일 것이다. 대표적인 분야가 바로 교통 업무다. 불법 주정차 단속 업무를 자율주행차와 로봇이 나눠서 담당할 가능성이 크다. 관내 순찰 업무도 대부분 로봇에게 넘겨질 것이다. 그리고 사람은 로봇이 하기 힘든 일에 집중하게 될 것이다.

막강한 화력을 가진 로보캅 같은 로봇 경찰이 등장할 가능성은 오히려 낮다. 테러리스트나 조직폭력배를 상대하는 경우에 로봇 경찰을 활용하긴 하겠지만, 영화에 등장하는 것처럼 대단한 화력을 필요로 하진 않을 것이다. 로봇에게 인명을 살상할 수 있는 공격력을 부여하는 데 대해 논란이 예상되기 때문이다. 아무리 경찰이라 할지라도 로봇에게 인명을 살상할 자격을 줄 수 있는지에 대해서는 많은 논의가 필요하다. 실제로 로봇공학과 인공지능을 연구하는 사람들 사이에서는 킬러 로봇 개발에 협조하지 말자는 입장이 주를 이루고 있다. 로봇과 인공지능에게 인간을 살상할 것인가에 대한 판단을 맡길 수 없다는 말이다. 즉, 어떠한 경우도 마지막 방아쇠를 당기는 결정은 인간이 해야 된다. 아무리 긴박한 대치 상황일지라도 로봇에게 방어임무 외에 공격임무를 맡기는 일은 일어나서는 안 된다.

그러나 점점 킬러 로봇의 존재가 현실화되는 듯하다. 2018년 4월 초 외국의 저명한 로봇학자 50여 명이 카이스트에 경고 서한을 보냈다. 카이스트와 한화시스템이 공동으로 개소한 '국방인공지능 융합연구센터'가 발단이 되었다. 그들은 인간의 통제 없이 자율적으로 결정하는 무기를 개발하지 않겠다는 카이스트 총장의 약속이 있을 때까지 카이스트와의 공동 연구를 거부하겠다는 입장을 밝혔고, 카이스트 총장이 결코 그런 무기 개발을 하는 일은 없을 것이라는 서한을 보내 사건은 마무리되었다.

비슷한 시기에 구글 직원 3,100명이 선다 피차이(Sundar Pichai) 최고 경영자에게 청원서를 보내기도 했다. 그들은 "구글은 전쟁 사업에 참여하지 않겠다고 선언하라"라고 요구했다. 문제의 발단은 메이븐 프로젝트(Project Maven) 때문이었다. 메이븐은 구글의 클라우드 기반 인공지능 기술로, 미 국방부가 공군 무인전투기(드론)의 타격 능력을 향상시키려고 계획한 프로그램이었다.

물론 지금도 일부 로봇이 전쟁에서 활용되고 있다. 2015년 시리아에서 러시아제 군사용 무인로봇 기갑차량인 '플랫폼-M'이 실전 배치되었다. 기관총과 대전차 로켓 발사기를 장착한 무

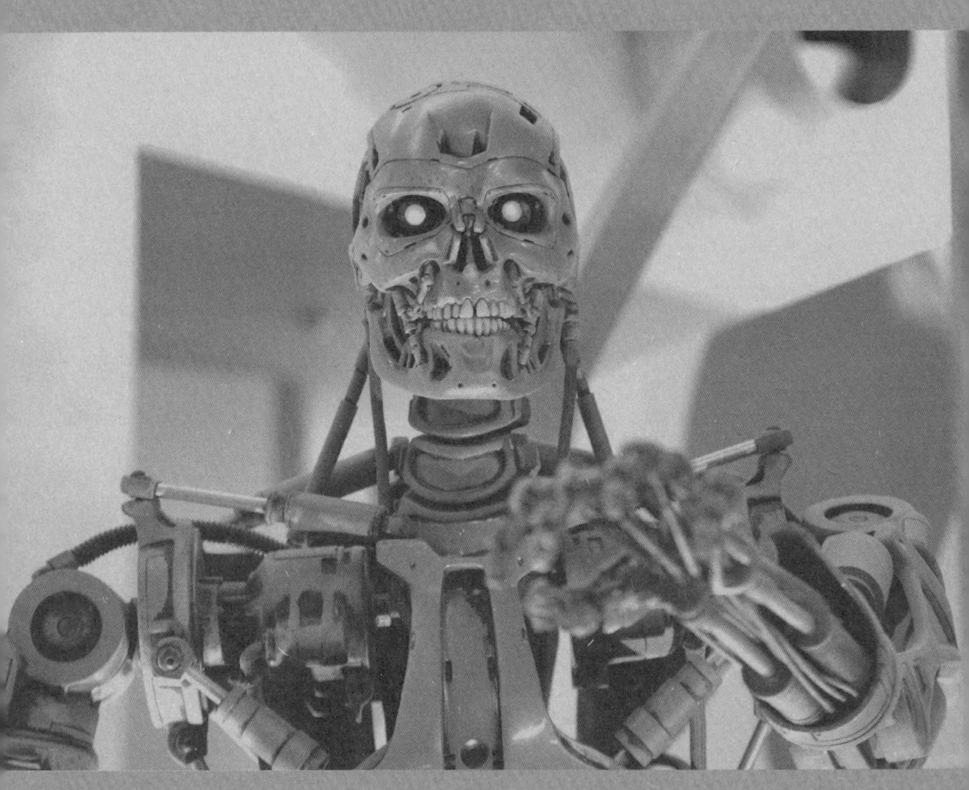

로봇은 방위산업이 개발에 주력하고 있는 기술 중 하나다. 언젠가는 사람이 아닌 로봇으로 구성된 터미네이터 부대가 출현하게 되지 않을까?

인 전투차량이었다. '우란-9'란 무인전투차량도 등장했다. 기관포와 대전차 로켓을 가지고 이슬람국가 무장단체(IS)를 공격하는 모습이 유튜브로 방송되기도 했다.

2016년에 러시아 크론슈타트(Kronstadt) 그룹의 아르멘 이사키안(Armen Isaakyan) 대표는 "무인 미사일, 항공기용 인공지능 소프트웨어를 개발 중"이라고 밝혔다. 또 "지상 인공지능 체계가 가진 데이터와 연동해 자율 판단으로 임무를 수행할 것"이라고 했다. 2017년에 보리스 오브노소브(Boris Obnosov) 러시아 전술 미사일 개발 회사 최고경영자는 모스크바의 에어쇼에서 "스스로 방향과 고도와 속도를 조절하는 인공지능 미사일을 개발하고 있다"라고 밝혔다.

이런 소식에 세계에서 첨단무기를 가장 많이 보유하고 있는 미국이 가만히 손 놓고 있을 리가 없다. 알카에다와 IS 소탕 작전을 벌일 때 가장 많이 투입된 것이 무인기였다. 'MQ-1 프레데터', 'MQ-9 리퍼' 같은 무인기들이 아프가니스탄과 파키스탄에 투입되어 공대지 미사일과 레이저 정밀 유도 폭탄으로 적군의 지도자들을 암살하는 데 공을 세웠다. 미 해병대는 '저비용 무인기 군집기술(LOCUST)'을 활용하여 드론 떼를 상륙전에 앞장세우는 전략을 수립할 것이라 밝혔다. 미 해군에서는 무인 함정 시 헌터(Sea Hunter)를 공식 배치했다. 보잉사는 무인 잠수정 에코 보이저(Echo Voyager)를 개발했고, 미 해군에서 시험 운항을 하기도 했다. 이 잠수정은 1개월간 자율 운항을 하면서 적군의 잠수함 정보를 수집한다고 한다. 그리고 미 공군에서는 현재 개발되어 배치된 공군기 이후에는 새로운 전투기를 개발하지 않겠다고 선언했다. 이 말은 앞으로 개발될 전투기는 모두 무인기 형태가 될 예정이라는 뜻이다. 중국에서도 글라이더 형태의 수중 드론 '하이이(海翼)'를 실전 투입했고, 영국에서는 스텔스 무인기 '타라니스(Taranis)'를 개발했다. 한국은 사격이 가능한 센트리 가드 로봇 SGR-A1을 비무장지대에 배치했다. 가히 전 세계가 킬러 로봇 개발에 박차를 가하고 있다.

물론 방아쇠를 당기는 판단은 인간의 몫으로 남아 있다. 하

2016년, 오레곤주 포틀랜드에서 명명식을 마친 시 헌터가 윌러메트강을 항해 중이다. 무인 함정 시 헌터는 자율항해가 가능하다.

지만 현재의 수준이라면 언제든지 그 판단의 역할을 인공지능에게 넘길 수 있을 정도다. 각국의 군 내부적으로는 인공지능으로 사격할 경우의 정확성을 따지는 시뮬레이션을 끊임없이 하고 있을지도 모른다. 그래서 테슬라의 일론 머스크(Elon Musk)는 자신의 트위터에 "인공지능의 안전성을 반드시 걱정해야 한다. 인공지능은 북한보다 훨씬 더 위험하다"라고 쓰기도 했다. 결국 2017년 유엔에서 킬러 로봇을 주제로 첫 공식회의가 열렸다. 스위스 제네바에서 열린 '특정재래식무기금지협약' 회의에서는 인공지능 무기 사용에 대한 논의가 이루어졌다.

혹자는 로봇끼리의 전투는 군인의 사망률을 낮추기 때문에 더 인도주의적이라고 주장한다. 그러나 로봇끼리의 전투라고 해도 제한된 공간에서 로봇끼리만 싸우는 식으로 진행되지는 않을 것이다. 도심에서 마징가 Z나 〈퍼시픽 림(Pacific Rim, 2013)〉의 예거나 〈트랜스포머(Transformers, 2007)〉의 오토봇이 적과 싸우는 장면을 생각해보라. 만화나 영화 속에서는 잘 드러나지 않았지만, 도시의 건물들이 무너지고 도로들이 파손되는 과정에서 민간인들이 엄청나게 많이 사망할 수 있다. 픽션에서야 그렇다고 쳐도 실제로 그런 일이 일어날 때 누가 책임을 질까? 또 병사만 단순히 로봇으로 대체되는 수준이 아니다. 무인폭격기가 폭격을 가하고, 무인 탱크가 포를 쏘며, 무인 잠수함과 무인 함선이 적국의 군 장비는 물론 민간 선박까지도 무차별적으로 공격할지 모른다. 그 와중에 분명히 민간인 사망자도 생길 것이다. 군인이라도 마찬가지다. 이미 저항할 의지를 상실한 적군을 군인이라는 이유로 사살하는 일이 과연 용납될까?

4

# 안드로이드는 어떻게 우리의 동반자가 될 수 있을까?

### 〈바이센테니얼 맨〉으로 보는 미래의 로봇

수십 억 인류가 텔레비전으로 생중계되는 장면을 숨죽여 지켜보고 있다. 의사당 밖에는 지지하는 이들과 반대하는 이들 수천 명이 의사당으로 이어지는 도로 양편에 각기 자리 잡고 목소리를 높이고 있다. 수백 명의 의원이 말 한마디 없이 의장과 그 앞에 선 앤드류를 지켜보고 있다.

앤드류는 조용히 고개를 들어 의장을 바라보았다. 이곳이 어디였던가. 이곳에 존재하는 모든 인간의 아버지의 아버지의 아버지 때부터 드나들었던 곳이다. 이제 결론을 내릴 때가 되었다.

의장이 일어나 단상 앞에 섰다.

"당신의 모든 신체가 나와 같다고 하더라도 단 하나 다른 것이 있다. 당신은 당신의 두뇌 덕분에 영원히 살 수 있다. 영생은 인간의 것이 아니다. 최소한 현실은 그러하다. 인간의 권리는 영생을 누리지 못하는 결핍으로부터 나온다. 따라서 앤드류, 당신은 인간처럼 계좌를 가지고, 인간처럼 토지를 소유하며, 인간처럼 타인에게 구속되지 않을 자유를 가지고 있지만, 결코 인간일 순 없다. 인류에 대한 봉사, 헌신, 업적, 그리고 당신의 품성 모두가 인간과 동일한 권리를 누릴 모든 자격을 갖추었기에, 세계의회는 앤드류 당신에게 인간이 향유하는 모든 권리를 인정하지만, 그리고 많은 이들과 같이 나 또한 당신을 존경하지만, 다만 인간이라 부를 순 없다는 결론에 이르렀다. 몹시 마음 아프고, 미안하지만 이게 결론이다."

앤드류는 처음으로 인간의 판단에 동의한다. '그래, 인간은 필멸인 존재에 한한다. 필멸이어야 한다.' 의사당을 나서며, 앤드류는 속으로 몇 번을 되뇐다. 마이크를 갖다 대는 기자들도, 왼쪽과 오른쪽에서 흐느끼거나 환호하는 군중도 전혀 그의 눈길을 사로잡지 못했다. 오로지 하나의 단어만 생각한다. '필멸'.

### 마침내, 로봇에게 시민권을

〈바이센테니얼맨(The Bicentennial Man, 1999)〉에서 중요한 문제는 로봇에게 시민권을 줄 수 있느냐는 것이다. 정확하게 말하자면, 로봇이라기보다는 로봇의 머릿속에 있는 인공지능에게 시민권을 주는 것이지만. 우리는 보통 시민권은 당연히 사람에게만, 더군다나 그 사회에 속한 사람에게만 주어지는 권리라고 생각한다. 그러니 로봇에게 시민권을 준다는 발상에 동의하지 않을 수도 있다.

그러나 벌써 인공지능에게 시민권을 부여한 사례가 있다. 2017년 사우디아라비아에서는 핸슨로보틱스(Hanson Robotics) 사에서 만든 소피아(Sophia)란 인공지능에게 시민권을 부여했다. 물론 이벤트성이었다. 소피아란 인공지능 자체는 범용 인공지능이 아니라 일정한 알고리듬에 따라 반응하는 아주 낮은 수준이다. 개나 고양이보다 더 낮다. 어찌 되었건 먼 훗날 범용 인공지능이 나타나고 실제로 시민권 문제가 대두되면 아마 이 해프닝이 다시 회자되긴 할 것이다.

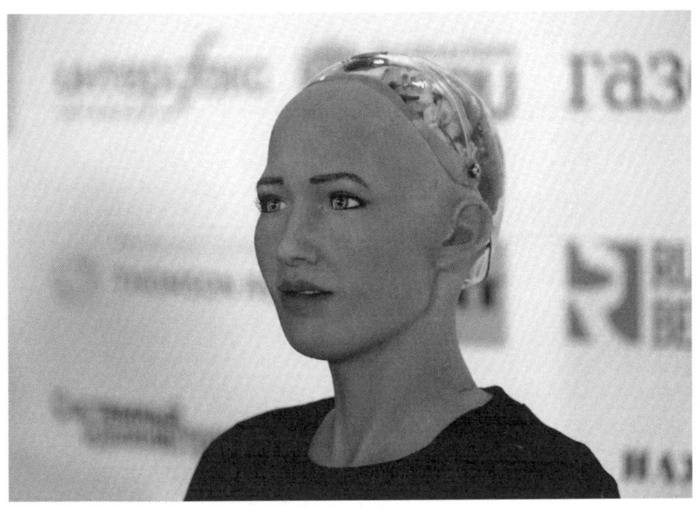

소피아는 앞에 있는 사람의 얼굴을 인식하고 시선을 맞추는 알고리듬이 내장되어 있고, 얼굴에 지을 수 있는 표정도 62개 이상이나 된다.

사실 우리는 로봇은 아니지만, 이미 사람이 아닌 단체에 법적으로 권리를 부여하고 있다. 바로 법인이다. 법인은 주식회사, 사단법인, 재단법인 등이 있다. 이들은 법적으로 인간과 비슷한 권리를 가지고 있다. 물론 법인을 운영하는 것이 사람이니 가능한 일이고, 또 법적인 문제일 뿐이라고 주장할 수도 있다. 하지만 현실에서는 기업이 사람보다 더 중요하게 대우받는 모습을 흔하게 볼 수 있다.

사장이나 회장 같은 기업의 소유주가 법인 뒤에 숨어서 나쁜 짓을 하기도 한다. 이런 사정을 보면 로봇이 정말 인격을 가질 만큼 발전하면 로봇에게 '인격' 또는 '권리'를 보장하는 것이 아주 터무니없는 일은 아닐지도 모른다. 또 로봇에게 시민권을 주더라도 인간과는 차등을 둔 권리나 의무관계로 설정할 수 있을 것이다. 물론 이 또한 아주 먼 미래의 이야기다. 권리를 주고 싶어도 사람과 같은 판단능력과 이해능력을 가진 로봇이 만들어지기까지는 아직 많은 과정이 남아 있다. 그럼 현재 로봇의 수준은 어떨까?

로봇이 영화나 소설이 아니라 현실 세계에 처음 등장한 것은 1950년대였다. 그저 팔 하나에 불과했다. 공장에서 물건을 옮기는 일에 팔 하나면 충분했다. 처음에는 많은 비용이 들었겠지만, 점점 광고효과를 발휘했을 것이다. 나중에는 정말로 사람을 대체하는 효과를 기대하면서 로봇에 대한 연구가 계속되었고 기능은 날이 갈수록 발전했다. 그러나 사람과는 전혀 다른 모습을 가진 로봇들이었다. 로봇이라기보다는 그냥 단순한 기계라는 생각이 먼저 들 정도였다. 그래도 과학자나 기술자 또는 산업 현장에서는 이들도 로봇이라고 부른다.

과연 로봇의 정의는 무엇일까? 국제공업규격(ISO)에 따르면 '자유도가 두 개 이상이며 프로그램의 명령에 따라 자율적으로 움직이는 기계 장치'다. 쉽게 생각하면 관절이 두 개 이상 있어서 위쪽 관절은 옆으로 돌고, 아래쪽 관절은 위아래로 도는 로봇 팔이면 자유도 두 개 이상을 만족하는 것이다. 그리고 그 팔을 리모컨으로 일일이 조정하는 것이 아니라 프로그램에 따라 자동적으로 움직이도록 만들면 로봇이 된다고 한다. 그래서 리모컨으로 움직이는 드론이나 RC카 등은 로봇으로 분류되지 않는다. 실제 작업 현장의 로봇 팔은 최소한 세 개 이상의 자유도를 가지기도 한다.

그러나 우리 머릿속에 그려지고 우리에게 친숙한 로봇은 사람의 외형을 가지고, 말도 하고 표정도 짓는다. 사람과 흡사한 외형을 가진 이런 로봇을 안드로이드(android)라고 한다. 외형을 사람처럼 만드는 것은 쉽다. 사람을 닮은 인형 탈을 입히고, 몸통에 팔 두 개, 다리 두 개를 붙이면 된다. 이런 눈속임형 로봇은 20세기 중후반에도 많이 존재했다. 그러나 정말 사람처럼 움직이는 로봇을 만들려면 해결해야 할 문제가 많이 남아 있다.

관절형 로봇의 경우, 사람처럼 자연스럽게 움직일 수 있는지가 중요하다. 평탄하게 포장된 길이 아니라 경사가 있고 미끄럽거나 거친 곳에서도 제대로 움직일 수 있는지가 판단 기준이 된다. 팔도 마찬가지다. 사람의 팔처럼 유연하게 움직이면서 동시에 다양한 종류의 물건을 집거나 들어 올리는 등의 기능을 수행해야 한다. 이를 위해선 일단 관절을 구동하는 모터 문제가 해결되어야 한다. 물론 모터 대신 다른 기술을 쓰는 경우도 있지만 현재 기술로서는 대부분 모터로 관절 부위를 움직인다. 20세기 말에서 21세기 초에 이르는 기간 동안 소형화된 모터들은 반도체 기술을 응용해 즉각적으로 아주 미세한 조정이 가능한 방향으로 많은 발전이 이루어졌다.

**로봇, 인간을 닮다**

현재 기술 수준에서는 로봇을 만들기 위해 아직 해결해야 할 부분이 많이 남아 있다. 현재의 모터로는 로봇의 팔을 사람의 팔만큼 가늘고 가볍게 만들기 어렵다. 그렇게 만들었다가는 컵처럼 가벼운 물건을 들어 올리는 기능도 하지 못한다. 반면 무거운 것을 들어 올리려면 모터의 무게가 급격히 늘어난다. 다리의 모터도 사람처럼 자유롭게 걷거나 뛰려면 아주 강력한 구동력을 지녀야 하는데, 이런 힘을 가진 모터는 무게가 만만치 않다.

또 하나의 문제는 모터의 구동 범위를 미세하게 조정할 수 있어야 한다는 점이다. 계란을 잡으려다 깨버리거나, 컵에 물을 따르다 넘치지 않게 하려면 관절 부위의 모터가 아주 섬세한 조절을 할 수 있어야 한다. 얼음판 위에서 걷는 것, 산비탈을 오르는 것, 계단을 내려오는 것은 서로 다른 프로세스를 요구한다. 이에 맞게끔 관절 부위의 모터가 적절하게 제어되어야 한다.

이런 문제를 해결하는 데 있어 세계에서 가장 앞서가는 기업은 보스턴다이내믹스(Boston Dynamics)다. 이들은 로봇기술의 새로운 성과가 있을 때마다 유튜브에 공개해 유명해졌다. 2018년 10월에 공개한 이족 보행 로봇 아틀라스(Atlas)의 영상에서는 사람도 하기 힘든 파쿠르(Parkour)[8]를 수월하게 행하는 모습을 보여주었다. 창업자 마크 레이버트(Marc Raibert)는 그 동작이 20번 정도 시도한 끝에 나온 가장 나은 모습이라고 했지만, 나와 같이 100번을 시도해도 성공하기 힘든 사람에게 좌절감을 안겨주기엔 충분했다.

또 하나, 사람의 조종 없이 로봇이 자율적으로 움직이려면 감각 센서로 외부 정보를 받아들이고, 이를 종합해 판단할 수 있어야 한다. 물론 모터를 통한 행동 제어에도 센서는 필수적이다. 사람의 감각은 보통 오감이라고 하지만, 실제로 세분해보면 더 많다고 봐야 한다. 일단 기본은 시각, 청각, 후각, 미각이다.

8 도시와 자연환경 속에서 안전장치 없이 건물, 사물을 이용해 한 지점에서 다른 지점으로 이동하는 일종의 곡예 활동이다. 명칭은 군대의 장애물 통과 훈련을 가리키는 프랑스어 '파쿠르 뒤 콩바탕'에서 유래했다.

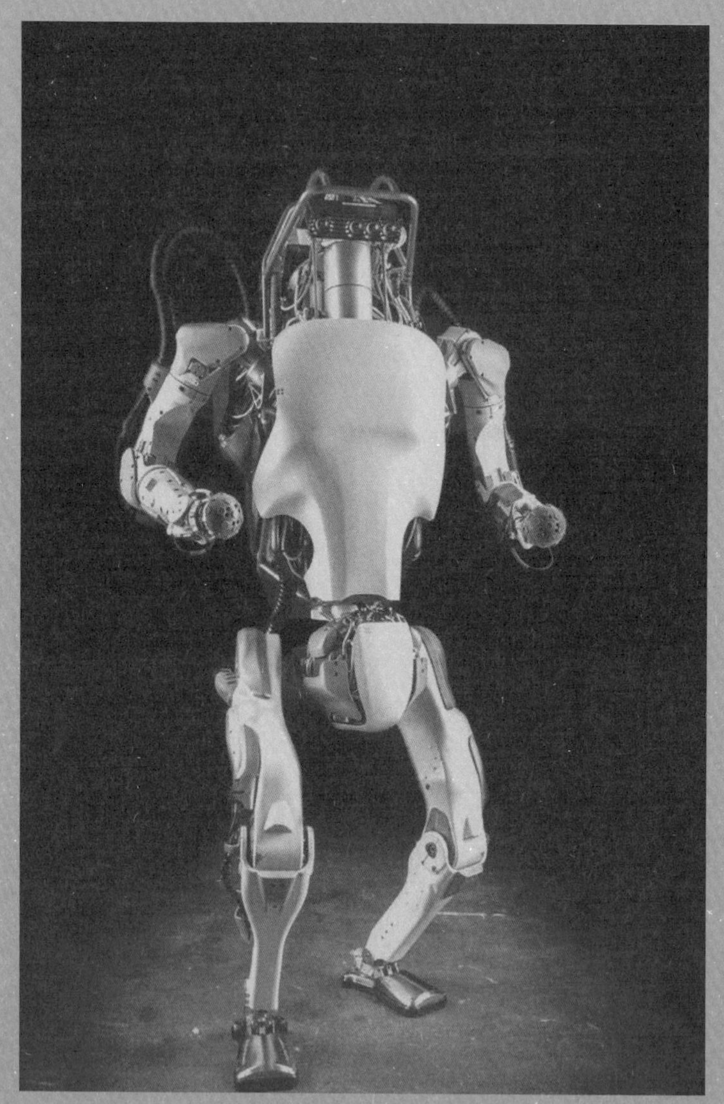

아틀라스는 2013년 처음 공개된 이후, 업그레이드를 거쳐 빠르고 정확한 동작을 선보이게 되었다. 동작 성공률은 80퍼센트에 달한다.

우리가 촉각이라 부르는 감각은 사실 온도 변화, 압력 감지, 화학물에 대한 감각을 합쳐서 부르는 것이다. 거기에 귀 속의 전정기관은 위치 감각을, 세반고리관은 회전에 대한 감각을 느낀다. 이러한 사람의 감각에 더해 전기적 자극 외에 자외선, 적외선, 온도 등 다양한 자극을 받아들이는 센서들이 필요하다.

20세기 후반에서 21세기 초에 걸쳐 다양한 센서가 아주 작은 크기의 반도체 회로를 기반으로 개발되었다. 이러한 센서들은 로봇이 사람처럼 외부 자극을 인지할 수 있도록 만들어주었다. 또 센서들은 로봇이 외부의 자극을 감지하는 데만 사용되지 않는다. 로봇의 자체 구동부에도 센서가 장착되어 자체 동작을 제어하는 과정에서도 시작점이 된다.

하지만 마지막으로 가장 중요한 부분이 있다. 바로 인공지능이다. 로봇은 센서를 통해서 들어오는 외부 자극을 실시간으로 파악해서 움직여야 한다. 로봇이 첨단화될수록 외부 센서를 통한 정보는 기하급수적으로 늘어난다. 시각 센서는 지금 로봇이 가야 하는 길의 경로와 방향을 보여주고, 발바닥의 압력센서는 길의 상태를 알려준다. 주변의 움직이는 물체들에 대한 정보도 시각 센서를 통해 전달되며, 바람의 세기와 방향도 알 수 있다.

이러한 정보들을 통합해 수십 개에 이르는 모터에 각기 다른 제어 명령을 내려야 한다. 그리고 그 과정에서 다시 모터들에 부착된 센서가 피드백을 주면, 그에 맞춰 다시 수정된 명령을 내린다. 이러한 전 과정을 처리해내는 인공지능이 없다면 로봇은 사람처럼 움직이기 힘들다. 정해진 경로만을 가는 것이라면 상관없지만 외부의 다양한 조건에 노출된 상태에서는 불가능하다.

21세기 들어 로봇이 각광받는 이유 중 하나는 개체로서가 아니라 서로 연결되어 있다는 점 때문이다. 즉, 단순히 인공지능 칩 하나가 들어가 있는 것이 아니라 클라우드의 인공지능과 연결되어 있는 것이다. 이를 통해서 로봇은 자신이 해야 할 일에 대한 학습이 가능하다. 로봇의 머리 속에 든 인공지능 칩은 자신의 행동과정에서 만들어진 각종 데이터를 클라우드로 전송한다. 하나의 로봇이 아니라 모든 로봇에서 동일한 전송과정이 이루어진다. 클라우드의 인공지능은 이들 데이터를 통해 학습을 하고, 더 나은 방향으로 변화한다. 그리고 그 결과물은 다시 개별 로봇의 인공지능을 업데이트하게 된다. 로봇의 제어과정이 점차 더 좋아지는 것이다.

클라우드와의 연결성과 인공지능의 학습효과는 단순히 로봇의 움직임뿐만 아니라 인간과의 교감에서 더 빛을 발할 것으로 예상된다. 사람과 로봇이 만나는 접점은 수도 없이 많고, 각각의 만남은 여러 가지 다른 상황을 전제로 한다. 로봇이 단순히 프로그래밍된 형태로 존재하고, 여러 가지 선택 중 하나만을 택하는 방식을 취하면 이런 다양한 기능을 충족시킬 수 없다. '노래 좀 틀어줘', '노래 틀어줘', '음악이 필요해', '음악 들려줘' 등 다양한 표현에도 대응해야 하고, 사람의 감정이나 상태에 따라 적절한 곡을 선택하기도 해야 한다. 대상자가 다양한 경우 같은 말을 하더라도 말소리의 진동수와 진폭이 다르니 이 또한 처리할 수 있어야 한다.

단순히 노래 한 곡 틀어주는 일도 이처럼 복잡하니 그보다 더 다양한 요구를 처리하려면 결국 로봇도 인공지능을 가지고 있어야 한다. 그리고 더 많은 대화와 상황에 부딪치면서 학습하고 개선되어야 한다. 마치 우리가 처음 만날 땐 서로를 잘 몰라 서툴러도, 만남이 지속될수록 서로에게 익숙해지는 것처럼 말이다. 그러려면 로봇의 인공지능도 더 많은 데이터를 가지고 학습해야 할 것이다. 그래서 클라우드와의 연결이 필요하다. 수많은 사람과 만나는 수많은 로봇이 각자 자신의 경험을 데이터로 만들어 클라우드로 올리고, 클라우드의 인공지능은 이를 기반으로 학습하며, 다시 각각의 로봇 속 인공지능을 업그레이드시키게 된다. 이런 과정을 통해서 미래의 로봇은 인간의 반려가 될 수 있을 것이다.

### 미래의 여생은 로봇과 함께

미래를 한번 상상해보자. 아주 오래 해로한 부부 영희와 철수가 있다. 자식들은 이미 성장해 분가했고 부부 둘만 행복하게 은퇴생활을 즐긴다. 하지만 삶이란 끝이 있는 법, 영희가 먼저 세상을 떠난다. 남은 철수는 홀로 쓸쓸한 노년을 보내게 될까? 그렇지 않을 것이다. 그의 마지막까지 같이할 반려로봇이 있다.

반려로봇은 혼자가 아니다. 일단 집 안 곳곳에 설치된 CCTV가 그의 눈이 되어준다. 어디에도 사각은 없다. 그래서 로봇과 떨어진 곳에서 철수가 넘어지거나 위급한 상황에 처하면 그 상황이 즉각 로봇에게 전달된다. CCTV도 일종의 인공지능에 의해 학습되어 돌발 상황이 닥치면 즉각 신호를 보낼 수 있다. 그러면 로봇이 상황을 판단한다. 만약 도둑이나 강도가 들어왔다면 가까운 파출소로 연락할 것이다. 파출소에서는 CCTV를 통해 전달된 화면과 스피커를 통해 취합한 음성 정보로 판단을 하고 위급 시엔 곧바로 출동한다.

철수가 다쳤다면 119를 부르고 주치의에게 연락을 취한다. 주치의와 119 상황실도 마찬가지로 화면과 음성 정보를 토대로 대책을 마련한다. 만약 철수가 거동이 불편한 상황이면 자동 휠체어가 준비된다. 휠체어는 침대나 의자에서 바로 탈 수 있도록 제어가 된다. 그리고 집에는 문턱이 없어 자유롭게 움직일 수 있다. 철수가 다가와서 휠체어의 버튼을 누르거나 음성 명령을 내리면 방문도 자동으로 열린다.

철수의 몸에 부착된 센서는 평소 철수의 여러 가지 신체 정보를 취합해 주치의에게 보내고, 특별한 징후가 보이면 응급 신호를 즉각 보낸다. 철수의 반려로봇은 하는 일이 또 있다. 철수

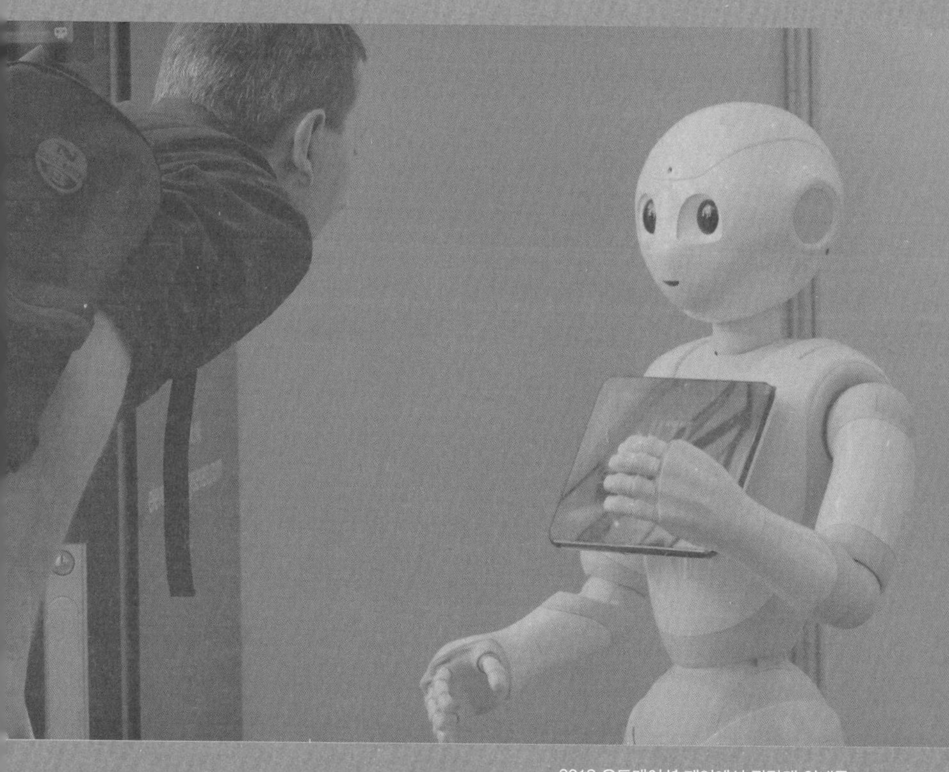

2018 오토메이션 페어에서 관람객 안내를 하는 소프트뱅크사의 페퍼로봇. 오토메이션 페어는 북미 최대의 산업 자동화 및 제조 솔루션 전시행사다.

를 위해 음식을 마련하고, 청소도 한다. 철수가 외출을 하면 로봇은 철수의 명령에 따라 같이 길을 나서거나 아니면 집에서 대기한다. 철수가 홀로 산책을 나간다면 당연히 같이 갈 것이다. 산책에 나선 철수의 말동무도 되어주고, 혹시나 위험한 일이 생길 때 대처할 수도 있다. 하지만 철수가 친구를 만나러 나간다면 아무래도 같이 나가긴 어려울 것이다. 하지만 철수가 술을 한잔하고 귀가할 때면 마중을 나와줄 수도 있을 것이다.

철수의 반려로봇은 이렇게 노인이 된 철수를 '케어'해주는 일만 하는 것은 아니다. 마치 반려동물처럼 철수의 외로운 마음의 한구석을 채워주는 일도 할 것이다. 함께 TV를 보면서 대화를 나누고, 잠이 들기 전 과거를 회상하는 철수에게 대화 상대도 되어준다. 함께 게임을 하는 친구가 되어주기도 한다. 물론 영희와 같이 지낼 때만큼 행복할 순 없겠지만, 혼자만의 노년이 그리 쓸쓸하진 않을 것이다.

반려로봇의 쓰임새는 그뿐만이 아닐 것이다. 현재 중증장애인이라면 대부분 집에서만 생활할 수밖에 없고, 외부 활동을 하더라도 누군가가 반드시 동행해야 한다. 물론 제도적으로 중증장애인에 대한 대책이 뒷받침되어야 하는 건 맞지만, 반려로봇이 일상화되면 바로 그 일을 로봇이 맡을 수 있다. 또 일상적인 집안일이 줄어든다면, 가정에서도 살림을 하는 데 드는 시간이 줄어들 것이다. 어린 자녀를 유치원이나 초등학교에 등하교시킬 때도 반려로봇이 부모 대신 동행할 수 있다.

이런 모든 과정의 핵심은, 물론 로봇 자체의 능력도 중요하지만, 인공지능과의 연결성이 무엇보다 생명이다. 다양한 상황에 대처하는 것이 반려로봇의 핵심일 텐데, 이를 위해선 유연한 대응능력을 가진 인공지능이 필수적이다. 그리고 수많은 반려로봇이 겪는 상황을 빅데이터로 삼아 학습하는 과정도 대응능력의 정확성을 높일 것이다. 즉, 반려로봇은 하나의 로봇에 불과하지만, 사실 수천만 대의 로봇으로 연결된 인공지능의 말단인 것이다. 또한 연결성은 로봇 혼자서 해결하기 힘든 상황에 대한 대응력도 키울 것이다.

# 4장

# 과학, 바다와 하늘을 너머 우주로 가다

## 1

# 오디세우스의 귀향길은 왜 그토록 험난했을까?

### <율리시즈>로 보는 바닷길의 발전

밤이 내렸다. 물은 조용하다. 하늘의 별은 고향 이타카와 저리도 닮았는데 바다와 해변은 낯설다. 전쟁은 즐거웠으나 귀향은 괴롭다. 낮에는 배를 저어 고향을 향하고, 밤에는 해변에 배를 대고 휴식을 취한 지 벌써 몇 달이 지났다. 이 바다를 가로지르면 바로 로도스고 크레타인데, 그리스의 남부 해안을 따라 조금만 가면 고향 이타카인데. 오디세우스는 밤하늘을 보며, 저 별을 따라 고향으로 가는 꿈을 꾼다.

오디세우스: 이타카여, 고향이여. 아내 페넬로페와 아들 텔레마쿠스가 기다리는 곳. 내가 나서 자란 곳. 어릴 땐 이타카의 바다에서 헤엄치고, 이타카의 해변에서 달리길 했지. 이타카의 와인을 마시고, 이

타카의 올리브를 먹었다.

전쟁은 오히려 쉬웠구나. 눈앞에 보이는 적을 쓰러트리는 것은 남자라면 누구나 할 수 있는 일. 설혹 그 칼에 맞더라도 후회는 없는 법이지. 그러나 바다는 두렵다. 분명 이타카에서도 바닷바람을 맞았고 폭풍 속을 달리기도 했는데, 낯선 바다란 요물과도 같구나.

포세이돈이여, 진정 당신의 저주는 무섭구나. 선원들을 절망에 빠트리고, 장수들을 겁먹게 한다. 나, 오디세우스만이 당신의 파도와 바람 앞에 버티고 있다. 당신의 바다로 나서면 우린 모두 장님이자 귀머거리. 배가 어디로 가는지, 바람이 어디서 불어오는지 알 수가 없다.

당신의 영역에서 노인들은 모두 사기꾼이며, 여자들은 모두 괴물이더군. 남자들은 강도며, 아이들은 요괴였다. 어디든 안심하고 하루 잘 수 있는 곳이 없는 곳. 당신의 바다, 당신의 바다, 그 저주의 끝이 어디인지 모르나, 나는 결국 이타카로 돌아갈 것이다.

### 이타카로 가는 길이 험했던 이유

누구나 제목은 들어봤지만 실제로 읽은 사람은 별로 없는 책을 '고전'이라고들 한다. 그런 의미에서 《오디세이아(Odysseia)》[1]는 충분히 고전의 반열에 들 만하다. 트로이 전쟁이 끝난 뒤 오디세우스는 자신의 고향 이타카(Ithaca)로 향한다. 그러나

1 율리시스는 오디세우스의 라틴명이며, 고전 명화 〈율리시즈(Ulysses, 1954)〉는 《오디세이아》를 영화화한 것이다.

그의 여정은 고되고 지루하다. 바다의 신 포세이돈의 분노를 샀기 때문이다. 온 지중해를 다 돌아다니고 죽을 고비를 숱하게 넘기고 나서야 겨우 돌아갈 수 있었다. 이 고생의 여정을 그린 대서사시가 바로 《오디세이아》다.

그 여정을 읽다 보면 왜 그렇게 멍청한 짓을 해서 생고생을 하는지 의문이 들 정도다. 힘들기로는 페넬로페도 마찬가지였다. 집안일은 나 몰라라 하고 신나게 전쟁터로 떠난 남편 오디세우스 덕분에 왕국은 바람 잘 날 없고, 왕위를 노리는 남자들이 자신을 엉큼한 눈으로 훑어보는 모진 세월을 견뎌야 했기 때문이다.

오디세우스가 살던 당시에 인류는 바다의 신 포세이돈의 분

오디세우스는 고향 이타카로 돌아와 거지 노인으로 변장해 페넬로페가 처한 상황을 알아낸 후, 부인의 구혼자들을 죽였다.

노 앞에서 무력했다. 육지에서 나고 자란 사람들이 바다를 향해 나갔을 때, 바다는 그들에게 분노한 신이기도 하고, 목숨을 위협하는 괴물이기도 했다. 물론 달콤한 목소리로 유혹하는 세이렌이기도 했다. 바다는 부와 명예를 안겨다 주기도 하지만 기본적으로 경외의 대상이자 감히 맞설 수 없는 상대였다.

그래도 인간은 감히 이런 바다에 길을 내기를 포기하지 않았다. 고대에 대부분의 배는 사각돛을 달았다. 그런데 문제는 이 돛이 바람의 방향을 이기지 못한다는 것이다. 바람이 부는 방향에서 좌우로 30도 정도로만 운행할 수 있는 구조였다. 물론 조정 기술이 뛰어난 선원은 조금 더 범위를 넓힐 수도 있었지만, 그 경우도 돛이 상할 우려가 커서 웬만하면 돛을 거두었다. 역풍이 불 때는 차라리 돛을 내리고 멈춰 있는 것이 현명했다. 다시 제대로 된 방향으로 바람이 불 때까지 마냥 기다려야 하는 셈이었다. 인간은 바다를 거스를 수 없었다.

바람이 잘 불 땐 일주일이면 갈 길을 바람이 잦아들면 한 달이 걸리는 경우도 많았다. 더구나 바람이 아주 세면 오히려 돛을 내려야 하는 경우도 있었다. 배가 돛을 감당할 수 없었기 때문이다. 그리고 계절풍을 따라 오가야 했다. 실제로 15~16세기까지도 인도양의 상선들은 계절풍을 따라 일 년에 한 번, 아프리카와 인도를 왕래했다.

바닷길로 다니는 일은 늘 시간이 오래 걸리고 모험을 감수해야 하는 것이었다. 그나마 군선이라면 노를 저어 갈 수도 있었다. 군선이 아닌 대부분의 배는 노를 저을 사람을 태우기가 힘들었다. 배의 구조 때문이 아니라, 노 저을 사람을 데리고 다니는 것이 손해였기 때문이다.

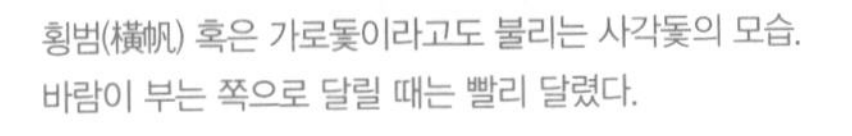

횡범(横帆) 혹은 가로돛이라고도 불리는 사각돛의 모습. 바람이 부는 쪽으로 달릴 때는 빨리 달렸다.

상업을 위한 배의 목적은 대량의 물건을 싣고 다니는 것이다. 상인들은 생산지와 소비지 사이를 연결해주고, 물건의 가격 차이를 통해서 이윤을 얻는다. 만약 노 저을 사람을 하나라도 더 태운다면, 그들이 머물 공간만큼의 화물을 싣지 못하게 된다. 더구나 임금을 주지 않는 노예를 태운다고 하더라도 최소한 먹고 살 수 있게 해줘야 한다. 따라서 그들을 위한 음식물 등을 싣게 되면 화물을 실을 공간이 그만큼 더 줄어든다. 채산성이 맞지 않게 된다. 그러니 애초에 채산성 같은 건 고려하지 않는 군선이 아니면 노를 저어 항해할 생각을 못 했다.

게다가 제아무리 길눈이 밝은 사람도 해안선이 보이지 않는 망망대해에선 길을 찾기가 어려웠다. 태양의 각도나 별의 각도 등을 통해 배의 위치를 잡는 방법이 알려지긴 했지만 오차가 너무나 컸다. 죽기 직전이 아니라면 시도할 엄두를 내지 못했다. 물론 자기가 태어나 자란 곳 주변의 바다는 당연히 잘 알 것이다. 또 항상 다니는 바닷길이라면 훤할 것이다. 그러나 딱 거기까지다. 자기의 영역을 벗어나면 그때부터는 엉금엉금 기어가야 할 뿐이다. 하지만 상선은 수많은 나라를 거쳐 움직인다. 그리스의 상선은 소아시아와 팔레스타인, 이집트, 리비아, 이탈리아 등 당시 지중해에 접한 여러 지역을 돌아다녔다. 멀리는 에스파냐에 이르기도 했다.

하지만 그 모든 뱃길을 다 알 수도 없거니와, 가로질러 가기도 쉽지 않았다. 물론 계절에 따라 부는 계절풍을 이용해서 크레타섬을 중심으로 선박이 오고 가기는 했지만 결국 해안선을 따라 항해하는 경우가 대부분이었다. 밤에는 해안선이 보이지 않으니 가까운 항구나 해변에 정박을 해야 했다.

지금의 터키, 소아시아에서 오디세우스의 고향 이타카로 가는 동안 배는 구불구불한 해안선을 따라 갈 수밖에 없었다. 지도를 자세히 살펴보면 그리스의 해안은 참으로 구불구불하다. 해안선을 일직선으로 펼쳐본다면 아마도 지금의 해안선의 서너 배는 충분히 되는 듯하다. 게다가 바람이 세차거나 역풍이 불면 배를 멈춰야 했다. 또 밤이면 밤대로 멈춰야 했다. 폭풍이라도 오면 며칠씩 발이 묶이기도 했을 것이다. 그러니 얼마나 오랜 시간이 걸렸겠는가?

**바닷길, 과학의 발전과 함께 활짝 열리다**

변화의 시작은 삼각돛이었다. 삼각돛은 사각돛에 비해 바람의 운용 범위가 훨씬 넓었다. 역풍에서도 어느 정도 항해가 가능했다. 삼각돛이 나온 이후 이전보다는 항해하다 멈추는 일이 줄어들었다.

그리고 당시 아랍에서 처음 만들어져 유럽으로 전해진 휴대용 천문관측도구 아스트롤라베(astrolabe)가 있었다. 덕분에 방향을 짐작하고 해안선이 보이지 않는 먼 바다로 나갈 수 있었다. 물론 하늘만 보고 방향만 짐작한다고 되는 일이 아니었다. 그래서 해도도 마련되었다. 해도에는 섬이나 육지의 지형뿐만 아니라 계절에 따라 부는 바람과 물의 흐름도 적혀 있었다. 그리고 해당 지점에서의 천문도 같이 기록되어 있었다. 어떤 계절에 하늘의 어떤 별이 어디에서 뜨는지, 해는 어디에서 뜨고 어디로 지는지를 모두 기록해두어 이전보다 좀 더 정확한 항해가 가능했다.

물론 이전에도 해도가 없었던 것은 아니지만 해안에 국한되어 있었다. 육지에서 먼 바다에 대해선 좀처럼 알 수 없었다. 아주 천천히

삼각돛, 즉 종범(縱帆)은 옛날 라틴 사람들이 쓰던 돛의 변형으로 라틴 세일이라고도 한다.

조금씩 사람들은 폭풍에 침몰하기도 하고, 표류를 하기도 하면서 먼 바다로 나갔고, 그곳 해류의 방향과 바람의 방향을 해도에 추가했다. 사각돛을 달고 있을 땐 불가능했던 일이다. 바람을 거역하며 항해할 수 없었으니 먼 바다로 나가는 모험은 있을 수 없는 일이었다. 그러다가 에스파냐와 포르투갈의 배들이 아프리카 해안을 따라 내려가면서 조금씩 해도를 확장시켰다. 당시로선 엄청난 인력과 자금이 필요한 일이었고, 그만큼의 희생이 따르는 일이기도 했다.

배의 속도를 재는 방법도 개발되어 자신들이 지금 어느 방향으로 얼마나 왔는지 대략적으로 파악할 수 있었다. 한낮에는 태양의 위치를 보고 어림짐작으로 방향을 정해서 달렸다. 이때 배가 100마일을 달렸는지 아니면 200마일을 달렸는지 알 수 없으면 오차가 너무 크게 발생한다. 육지가 가까우면 지형을 보고 대략 짐작할 수 있지만 끝없이 수평선밖에 보이지 않는 먼 바다에서는 배의 속도를 알아야 자신들이 얼마나 달려왔는지 알 수 있다. 16세기가 되자 수용측정의(hand log)라는 속도계가 등장했다. 연처럼 생긴 나무토막(log)에 끈을 달아 바다에 던져두고 일정 시간 동안 풀려나간 줄의 길이와 모래시계를 비교해 속도를 쟀다. 오차가 있긴 했지만 그래도 대략의 속도를 알게 되면서 항해는 조금 더 정확해졌다.

먼 바다를 항해할 땐 길고 무거운 닻이 필수다. 먼 바다에서도 잠시 닻을 내리고 제자리에 머물 수 있게 닻도 개량되었다. 대항해 시대의 에스파냐에서 캡스턴(capstan)이란 장치를 개발한 것이다. 원형의 철제 기물에 구멍을 뚫고 나무 막대를 꽂은 후 돌리면 닻에 달린 밧줄이 풀리거나 말리게 된다. 이를 이용하면 더 무겁고 긴 닻을 사용할 수 있었다.

위치와 방향을 알 수 있는 새로운 방법도 도입된다. 바로 나침반이다. 중국에서 처음 사용된 나침반은 아라비아를 거쳐 이탈리아와 유럽 전역으로 퍼져나간다. 나침반은 배의 위치뿐만 아니라 바람의 방향도 더 정확하게 알 수 있게 해주었다. 돛을 이용해 항해하는 배의 입장에선 바람의 방향을 정확히 아는 것은 배의 방향만큼 중요했다. 그러나 나침반만으로는 배의 방향

해양 시대극에서 자주 볼 수 있는 캡스턴. 원통형의 드럼과 도르래를 이용해서 중량물을 들어올리거나 당기는 권양기의 일종이다.

만 알 수 있을 뿐 위치는 알 수 없다. 먼 옛날, 사람들은 별이나 태양의 방향을 보고 배의 위치를 측정했지만, 여러모로 부정확했던 것이 사실이다. 그러나 원을 8등분한 팔분의와 이를 개량한 육분의가 도입되면서 위치의 측정이 좀 더 정확해졌다. 북극성을 향해 팔분의를 놓고 눈금을 읽으면 이전보다 정확하게 배의 위도와 경도를 알 수 있게 되었다.

그래도 항해가 마냥 쉬운 것은 아니었다. 포르투갈이 아프리카의 서해안을 따라 적도를 넘기까지는 거의 반세기에 가까운 시간과 노력이 필요했다. 거기서 다시 희망봉, 희망봉에서 인도로 가는 길도 마찬가지였다. 나라 전체의 노력을 쏟아부어야 가능한 일이었다. 그럼에도 엉뚱한 곳에 닿는 일이 왕왕 있었다. 특히 대서양을 횡단하는 일은 그러했다. 에스파냐나 포르투갈에서 출발한 배가 원래 목적지보다 수백 킬로미터 아래나 위쪽에 도착하는 일이 다반사였다.

하지만 17~18세기에 과학혁명이 일어나면서 이런 사태는 조금씩 극복된다. 제대로 된 시계가 발명되면서 정확한 시간을 알게 되었고, 각종 관측기구도 더 정밀해져서 뉴욕에 가려던 배가 마이애미에 가는 식의 황당한 일은 벌어지지 않았다. 돛도 더 다양해지고, 배의 크기도 커졌다. 이런 조건에서라면 오디세우스도 2~3일이면 이타카로 돌아갈 수 있다. 그러나 아직도 배로 항해하는 것은, 더구나 대서양이나 태평양을 가로지르는 것은 모험에 속하는 일이었다. 일확천금을 노리는 상인, 식민지를 정벌하러 가는 군인, 그리고 모국을 떠나는 난민 등 온갖 이들이 뒤섞인 모험이었다.

## 2

# 타이타닉호는 왜 그렇게 크게 만들었을까?

### <타이타닉>으로 보는 증기기관의 등장

로즈: 이 배 이름이 타이타닉이야. 정말 촌스러워. 길이가 무려 300미터 가까이 되고 바닥에서부터 11층 높이라고 하더라고. 그래도 촌스러운 건 어쩔 수 없어. 크다고 타이타닉이라니. 승객들도 재수 없어.

잭: 타이탄이라니. 모두 제우스에게 패배한 멍청한 거인들이잖아. 이 배에 타서 거들먹거리는 거물이라는 작자 모두 마찬가지지. 언제 다윗의 돌멩이에 머리통이 깨진다 해도 전혀 이상하지 않은 녀석들이야. 이 배도 그래. 바다는 제우스와 함께 타이탄들을 물리친 포세이돈의 영역이란 말야. 감히 포세이돈의 바다에 뜬 배에 타이타닉이란 이름을 붙이다니 멍청한 건지 아니면 무모한 건지.

로즈: 그래도 이 배를 타고 당신을 만났으니 나에겐 타이타닉이 스

틱스를 건너간다고 해도 좋겠다는 생각이 들어. 당신은 오르페우스, 나는 에우리디케. 우리는….

잭: 어쩌면 우린 이 배에서만 행복할지도 몰라. 그렇다면 이 배가 포세이돈의 분노를 사서 타이탄의 운명을 겪더라도 우리에겐 결코 불행이 아닐지도 모르지. 저 뱃머리에 한번 서보자. 포세이돈의 바다에서 불어오는 바람을 맞아보자. 오늘이 우리의 마지막 날일지라도 같이 바람을 맞으면 행복 할거야.

### 배의 규모를 키운 철과 증기기관

18세기가 되면서 대서양이나 인도양에 정기 항로가 개설된다. 오가는 물품과 사람이 늘어나기 시작하고, 배도 커지기 시작한다. 그러나 목재로 만든 배에 바람으로 가는 돛으로는 한계가 있었다. 범선이 커봤자 얼마나 크겠는가? 하지만 18세기 말에 시작된 산업혁명은 바다의 풍경을 완전히 바꾸어놓았다.

이제 더 이상 목재로 배를 만들지 않게 되었다. 물론 연안을 항해하는 작은 배는 여전히 나무로 만들었지만 대양을 항해하는 배는 철로 만들었다. 산업혁명 과정에서 제철 산업이 본격적으로 발달하자 배에 쓸 강판을 만들 수 있게 된 것이 가장 큰 이유였다. 그리고 철을 이용한 선박 건조술이 발달하면서 배의 크기도 커진다. 여기서 어떤 사람은 '거북선은 그보다 훨씬 전에 만들어진 철갑선인데?'라고 생각할지 모른다. 하지만 거북선은 목재로 본체를 만들고 그 위에 철갑으로 장갑을 씌운 것이었다.

배가 커질 수 있었던 또 다른 이유는 바로 증기기관의 등장이다. 이전까지 돛에 전적으로 의존했던 범선은 이제 증기기관을 동력으로 움직이는 기선이 된다. 그야말로 바람으로부터의 자유를 획득한 것이다. 이제 대양항해는 더 이상 모험이 아니라 일상이 되었다. 운항시간도 획기적으로 줄어들고, 안정적으로 운항할 수 있게 되었다. 배의 크기가 커지니 웬만큼 나쁜 날씨에도 운항할 수 있었다. 한번에 많은 여객과 화물을 실을 수 있으니 채산성도 좋아졌다.

물론 증기선이 대양항해에만 나섰던 건 아니다. 내륙의 수운에도 투입되었다. 강의 상류에서 하류로 갈 땐 물의 흐름을 타고 편하게 운항할 수 있었지만, 반대 방향으로 운항할 때에는 생고생을 했었다. 그래서 보통 내려갈 땐 배로, 올라갈 땐 마차로 가는 편이었다. 배도 다시 돌아가야 하지만 화물을 싣게 되면 운항에 많은 에너지를 쓰게 되니 그냥 빈 배로 갔던 것이다. 하지만 증기선이 도입되자 상황이 달라진다. 강을 따라 내려갈 땐 석탄을 땔 필요 없이 그냥 가고 강을 거슬러 올라갈 땐 증기기관을 이용해서 힘차게 올라갈 수 있었다. 물론 상류에서 하류로 갈 때도 중간에 강물의 흐름이 정체되면 증기기관을 쓰기도 했다. 미국의 경우 남과 북을 잇는 미시시피강의 수운이 급속도로 발전하게 됐다.

이 당시의 증기선을 다룬 영화가 바로 〈타이타닉(Titanic, 1997)〉이다. 이 배는 대서양을 운항하는 대형 증기 여객선으로 힘찬 항해를 시작했지만, 첫 항해에서 유빙과 부딪혀 침몰하고 말았다. 영화에 등장한 배를 보면 한가운데 우뚝 솟은 커다란 굴뚝이 인상적이다. 요즘 배들에는 그런 굴뚝이 없다. 증기로 움직이는 기선만의 가장 큰 특징이다. 증기기관차가 굴뚝에서 증기를 뿜어내는 것처럼 증기선도 굴뚝으로 쉴 새 없이 연기를 내뿜으며 대양을 가로질렀다. 그래서 과거의 선박 이미지를 보면 하나같이 가운데 굴뚝이 솟아 있는 모습을 하고 있다.

배의 안정성을 높인 것은 철과 증기기관뿐만이 아니다. 19세

당시 세계 최대 규모를 자랑하던 타이타닉호는 1912년 4월 14일 2,200여 명의 승객을 태운 채 빙하와 충돌했다. 이 사고로 승객과 승무원 1,500여 명이 목숨을 잃었다.

기 들어 발달한 각종 제어 장비는 배가 험악한 날씨에도 균형을 잡을 수 있도록 도와주었고, 각종 계측 장비는 선원들이 현재 배의 위치를 좀 더 정확하게 파악할 수 있도록 도와주었다.

20세기 들어 배는 다시 변화한다. 먼저 증기가 아닌 석유를 동력으로 삼았다. 석탄에 비해 훨씬 많은 양의 연료를 실을 수 있으니 더 먼 거리도 수월하게 운항하게 됐다. 유럽의 서쪽 암스테르담에서 출발한 배가 지중해를 거쳐 수에즈 운하와 호르무즈 해협을 통과하고서 인도양과 태평양을 지나 한국까지 오는데 연료를 보충할 필요가 없을 정도다. 항구를 몇 군데씩 들르며 연료를 보급할 때보다 운항시간도 훨씬 단축되었다.

그뿐만 아니다. 이전에는 배가 항구를 떠나면 고립무원의 신세였다. 다음 항구에 기항할 때까지 어떤 연락도 주고받을 수 없었다. 하지만 무선 통신 기술이 발전하면서 운항 중에도 육지와 수시로 통신을 할 수 있게 되었다. 특히 GPS는 인공위성을 통해 선박의 위치를 아주 정확하게 실시간으로 잡아준다. 디지털화된 해도를 기반으로 항해하고, 육지와 인공위성으로부터 현재의 기상 상황도 접수할 수 있게 되었다.

이제 21세기의 선박은 자율 주행의 시대로 넘어가려 한다. 이른바 '스마트십(Smart Ship)'이다. 현재도 많은 부분이 자동화되고 있지만, 본격적인 무인선박으로 넘어갈 날도 멀지 않은 듯하다. 지금도 화물을 수송하는 컨테이너선이나 벌크선의 경우,

축구장 크기의 두 배도 넘는 선박을 고작 몇 십 명의 선원이 관리하고 있다. 이것은 모두 인공위성 덕분이다. 인공위성을 통해 지상의 관제센터에서 기상 상황과 배의 위치, 그리고 해상의 돌발 상황을 실시간으로 모니터하고, 또 지시를 내릴 수 있게 되었다. 배의 여러 곳에 수백 개의 센서를 부착해 다양한 데이터를 실시간으로 전송하는 기술 덕분이기도 하다.

화물선의 경우 조만간 선원 수가 점점 줄어들고 로봇과 인공지능이 대신 일하는 상황이 펼쳐질 것이다. 물론 고기잡이나 여객선의 경우는 사람의 손이 필요한 일이 남아 있겠지만 그마저도 점점 인원은 줄게 될 것이다.

### 땅과 바다에서 증기의 시대가 열리다

18세기 들어 영국의 인구가 폭발적으로 늘기 시작했다. 사람 수가 많아지니 여러 가지 물자가 부족해졌다. 무엇보다 사람들이 입을 옷이 모자랐다. 정확히는 옷을 만들 천이 부족했고, 천을 만들 실이 부족했다. 그래서 사람 손을 덜 쓰고, 더 많은 실을 잣고, 천을 짤 수 있는 기계를 발명하게 된다.

또 하나 연료가 부족했다. 우리나라에서도 그랬듯 예부터 대부분의 지역에서는 나무를 연료로 사용했다. 그런데 나무는 집을 지을 재료로도 사용되고, 배를 건조할 재료로도 사용되었다. 인구가 늘어나니 집도 더 짓고, 배도 더 많이 건조했고, 땔감도 더 많이 때어야 했다. 그러다 보니 영국에서 자라고 있는 나무란 나무는 다 사라지게 된 것이다. 대책이 필요했다. 나무 대신 벽돌로 집을 짓게 되었고, 철을 이용해서 큰 배를 건조하는 등의 방법을 찾게 되었다. 대체연료로는 석탄이 등장했다. 영국은 습지가 많아 예로부터 이탄이나 갈탄처럼 석탄이 채 되지 못한 연료들을 늪 주변에서 캐내어 연료로 사용하곤 했었다. 더구나 땅을 조금만 파면 질 좋은 석탄이 나오니 자연스럽게 나무를 대체하게 되었다. 그만큼 노천탄광은 영국의 산업혁명을 이끈 천혜의 환경이었다.

그러나 석탄의 사용량이 늘어나자 노천탄광만으로는 감당이 되질 않았다. 조금 더 깊은 곳까지 파고 들어가 탄을 캐야 했다. 점차 수직갱이 생기고, 탄광이 지하 깊은 곳으로 확장되었다. 지하를 파다 보면 필연적으로 지하수가 흘러나온다. 지하수를 퍼내지 않으면 작업을 할 수 없다. 그렇다고 일일이 사람 손으로 퍼낼 순 없는 일이었다. 이때 펌프를 이용해서 퍼내는 방식이 등장했다. 펌프를 움직일 동력으로는 말을 사용했다. 지상의 말이 원을 그리며 돌면, 말에 연결된 축이 움직이고, 그 힘을 이용해서 물을 빼냈다. 물뿐만 아니라 갱도에서 캐낸 석탄도 말을 이용해서 끌어올렸다. 탄광 바닥에 레일을 깔고 그 위에 바퀴를 단 탄차를 올리고는 말들에게 끌어올리도록 했다.

그런데 탄광이 점점 깊어지고 커지면서 말을 이용하는 데 한계에 부딪혔다. 말도 지치면 다른 말과 교대를 해주어야 했다. 무엇보다 관리하기가 쉽지 않았다. 말을 대신할 무언가가 필요했다. 이때 바로 증기기관이 등장하게 된 것이다. 물은 끓고 나면 수증기로 바뀐다. 수증기의 부피는 물일 때 비해 약 1,600배 정도 커진다. 부피가 늘어난 수증기를 좁은 탱크 안에 가두면 압력이 세진다. 이때의 압력을 이용해서 물과 석탄을 끌어올리는 것이 증기기관이다. 수증기가 가득 찬 탱크에 아주 작은 구멍을 뚫고, 그곳으로 세차게 빠져나오는 증기의 힘으로 터빈을 돌리는 것이다. 터빈이 도는 힘을 톱니바퀴와 크랭크 휠, 벨트로 보내어 물체를 움직인다. 수많은 시행착오를 거친 끝에 제대로 작동하는 증기기관이 만들어졌고, 탄광에서는 말 대신 증기를 이용하게 되었다.

좋은 물건 하나를 만들어놓으면 여러 분야로 응용하기 마련이다. 탄광에서 석탄을 끌어올리는 데 쓴다면, 이 석탄을 다시 옮기는 데 못 쓸 이유가 없다. 탄광에 놓였던 레일이 연장되기 시작했고, 석탄을 옮기던 탄차가 그 레일 위를 연이어 달리기 시작했다. 이제 탄차를 끌던 말 대신 증기기관을 올린 기관차가 맨 앞에 섰다. 이렇게 최초의 기차와 최초의 철도가 놓이게 되었다. 탄광에서 창고로, 탄광에서 항구로 첫 레일이 깔리고, 첫 기관차가 석탄이 가득 실린 객차를 끌며 달린 것이다.

**철도, 전 세계 곳곳을 잇다**

영국에서 처음 달리기 시작한 철도와 기차는 유럽 대륙으로 전파되었고, 제국주의의 깃발을 따라 식민지까지 이어졌다. 증기기관은 식민지에 대한 제국주의 국가들의 우월함을 상징하는 발명품이 되었다. 그즈음 탄생한 소설이 바로 애거사 크리스티(Agatha Christie)의 《오리엔트 특급 살인(Murder on the Orient Express, 1934)》이다. 유럽의 동쪽 끝 해안선 너머로 아시아가 보이는 이스탄불까지 유럽의 철도는 끊임없이 이어졌다. 제국과 식민지 사이에 놓인 철도와 열차는 그 세계에 속한 다양한 사람이 모이고, 사건이 생기고, 해결되거나 미결되는 장소로 바뀌기 시작했다.

19세기 프랑스 작가 쥘 베른(Jules Verne)의 소설 《80일간의 세계일주(Le Tour du monde en quatre-vingts jours, 1873)》도 그즈음의 작품이다. 여러 제국주의 국가들이 식민지에 철도를 놓았다. 일본은 한반도에, 부산과 목포, 군산에서 시작해 대전과 한성을 지나 평양을 거쳐 신의주로 가는 철길을 놓았고, 영국은 아프리카와 중동, 인도에 철도를 놓았다. 미국은 서부를 향해 대륙횡단 열차를 놓았다.

《80일간의 세계일주》를 보면 주인공이 도버 해협을 건너 프랑스에 도착한 후 열차와 증기선을 타고 유럽을 횡단해 이집트의 카이로까지 간다. 다시 기선을 타고 인도양을 건너 다시 철도

《80일간의 세계일주》의 1879년 프랑스판 속표지. 쥘 베른은 SF소설의 선구자로 《해저 2만리》, 《15소년 표류기》로도 잘 알려져 있다.

를 타고 인도를 횡단한다. 일행은 온갖 고난을 겪은 끝에 다시 뱃길로 일본을 거쳐 미국 대서양 해안까지 당도한다. 그러고 나서 다시 미국이 내부 식민지화를 위해 건설한 대륙횡단철도를 타고 동해안까지 간다. 이제 대서양을 면한 항구에서 증기선을 타고 영국으로 향한다. 결국 80일 만에 세계일주를 가능하게 한 것은 당시로선 신문물이었던 철도와 증기선이었고, 주된 동력은 증기기관이었다.

이 소설은 꽤 인기가 있어 영화로도 여러 번 제작되었다. 그 중에서도 마이클 앤더슨(Michael Anderson) 감독이 1956년도에 제작한 작품이 가장 유명하다. 책으로도 영화로도 다양하게 즐길 수 있었지만, 나에게는 고(故) 고우영 화백이 그린 만화책이 가장 인상 깊게 남아 있다.

한편 증기기관차는 도시와 만나 기괴한 풍경을 만든다. 영국 사람들은 당시 세계에서도 가장 번잡했던 도시 중 하나였던 런던의 지하에 터널을 뚫기 시작했다. 지하 튜브를 달리는 증기기관차, 즉 지하철이 태어나게 된 것이다. 그런데 문제는 잔뜩 밀폐된 지하에서 증기기관차가 증기를 뿜어대며 달렸다는 사실이다. 런던의 노동자들은 숨 막히는 지하의 공간 안으로 어쩔 수 없이 들어가야 했다. 도로는 좁고, 마차는 비쌌다. 마치 지금의 우리가 출근시간에 쫓겨 만원버스와 지하철을 타는 것과 마찬가지의 풍경이었을 것이다.

도시의 지상은 땅값이 비싸 마음 놓고 도로나 철도를 놓을 수 없었다. 지금이나 예전이나 다를 바 없었다. 그러나 도시에는 일자리가 있고, 일자리를 원하는 이들은 어떻게든 도시로 가야 했다. 정부와 기업에서 도시와 도시를 이어주는 길을 마련해야 하지만, 비싼 땅을 사서 철로를 놓기에는 부담이 되니 공짜인 지하를 이용하기로 했다. 그렇게 노동자들은 증기기관차가 내뿜는 매연을 마시며 첫 지하철의 고객이 되었다.

미국의 서부에서는 증기열차와 역마차가 몇십 년간 자리다툼을 했다. 철도가 놓이기 전 서부는 역마차의 공간이었다. 처음 서부가 개척될 당시에는 곳곳에 섬처럼 놓인 광산과 농장, 그리고 태평양에 면한 항구로 사람과 화물을 실어 나르는 것은 모두 역마차의 몫이었다. 사막에 가까운 광야와 협곡을 지나 동부에서 서부로, 서부에서 동부로 마부들은 목숨을 걸다시피하며 마차를 몰았다. 인디언, 정확히는 아메리카 원주민의 습격 때문이 아니었다. 그보다 비 한 방울 내리지 않는 건조한 기후에 거친 땅, 그리고 마구잡이로 불어오는 바람 같은 자연환경이 더 위협적이었다. 또 마차를 습격하는 건 아메리카 원주민보다 오히려 백인 강도가 더 많았다. 모히칸(Mohican)이 무서운 것이 아니라 부치(Butch)와 선댄스(Sundance)가 두려웠던 것이다.[2]

2 모히칸은 미국 코네티컷주 동부 및 뉴욕 허드슨강 유역에 살았던 아메리카 원주민 부족이다. 부치와 선댄스는 1890년대 미국 서부를 주름잡던 유명 강도들로 영화 〈내일을 향해 쏴라(Butch Cassidy And The Sundance Kid, 1969)〉의 실제 모델이다.

그러나 서부에서 살아가는 인구가 늘어나고, 물동량도 늘자 역마차로는 도저히 감당이 되질 않았다. 미국 정부와 기업들에서도 서부를 개발해야 할 다양한 이유가 있었다. 웨스턴무비는 바로 그러한 역마차와 철도가 공존하는 시공간에서 시작된다. 영화 〈와일드 와일드 웨스트(Wild Wild West, 1999)〉는 서부의 공간 안에 스팀펑크(steampunk)[3]의 세계를 창조했다. 철도가 바둑판처럼 가로세로로 놓인 건 나중의 일이었고, 일단 대륙을 횡단하는 철로가 아주 가느다란 선으로 서와 동을 연결해주었다. 그리고 열차가 잠시 머무는 역들이 중간중간에 생겼다. 역마차는 역을 중심으로 주변으로 퍼져나갔다. 역에는 숙박시설과 도소매점이 생기고, 역마차들의 근거지들도 만들어졌다.

자동차가 마차를 대신하게 된 건 19세기 말에서 20세기 초였다. 증기기관은 부피도 크고 무거워서 작은 차에 달기에는 무리였다. 증기차가 없었던 건 아니다. 초기에는 가솔린을 태워 모터를 움직이는 내연기관차와 증기차, 그리고 전기차의 세 종류가 경쟁을 했었다. 증기차는 증기기관의 부피와 무게 때문에, 전기차는 배터리가 너무 무겁고 용량이 작아, 결국 내연기관 자동차가 대세가 된다. 이렇게 해서 역마차의 역할을 자동차가 대체한다.

3 19세기 산업혁명 시기 증기기관을 바탕으로 기술이 발전한 가상의 세계를 배경으로 한 대중문화 장르를 말한다.

20세기가 되면서 열차를 끄는 수단도 내연기관으로 바뀐다. 이제 철도 위 차량이 수증기를 하늘로 내뿜는 광경은 점차 사라지고 디젤 냄새로 가득 찬 기관차가 늘어나기 시작한다. 그마저도 20세기 후반부터는 전기로 움직이는 열차에게 자리를 내주고 있다. 한편 도시에서는 좁은 도로를 다니는 노면 전차와 비싼 부동산 가격으로 인해 지하로 내려간 전차가 도시 하층민들의 새로운 이동수단이 된다. 도시와 도시를 연결하는 디젤기관차와 도시 내의 수송을 담당하는 전차는 20세기 초중반의 상징과도 같았다.

이렇듯 말에서 증기로, 증기에서 디젤로, 디젤에서 전기로 열차를 끄는 에너지원이 변하는 과정은 근대화의 과정을 잘 보여준다. 이제 열차는 새로운 시대를 다시금 열려 하고 있다. 여전히 전기와 디젤을 동력으로 사용하지만, 열차를 운전하는 사람이 사라지는 추세다. 이미 우리나라 각 지방의 경전철 중 몇몇 곳은 승무원 없이 운행되고 있다. 얼마 전 김해에서 열린 청소년인문학읽기 행사에 다녀오다가 경전철을 타게 되었다. 두 량의 객차가 이어져 있는 단순한 구조였는데, 승무원은 한 명도 없었다. 서울시 지하철도 2018년부터 일부 구간에서 시범적으로 승무원 없이 운행을 하려고 준비하고 있다.

사실 열차의 자율주행은 자동차에 비해서 훨씬 쉬울 수 있다. 정해진 길만 운행하면 되고, 자동차처럼 주변의 다른 차량을 의식할 필요가 없기 때문이다. 더구나 대부분의 구간이 폐쇄된 공간이니 다른 우발적 상황이 발생할 가능성도 적다. 우선 열차의 자율주행은 화물열차를 중심으로 이루어질 것이다. 사고에 대비하는 여러 안전장치를 갖춘다면 자율주행차보다 오히려 먼저 대중화될 것이다.

## 3

# 맷 데이먼은 왜 화성에 감자를 심었을까?

### <마션>으로 보는 최후의 미개척지 개발

'난 아무래도 망한 것 같다(I'm pretty much fucked).'

마크 와트니는 하늘을 올려다봤다. 이미 점으로도 보이지 않는 우주선. 동료들은 모두 저기 타고 있을 터였다.

'이제 혼자다. 지구보다야 작지만, 달이나 수성보다 더 큰 이 행성에 존재하는 인간이라곤 나 혼자뿐이다. 그것도 배에 철심 하나 꽂힌 채 말야.

내가 어린 왕자가 된 건가. 돌아다닐 땅이 더 넓은 건 좋군. B162는 어른이 살기엔 너무 좁잖아. 화성 정도는 돼야지.

주위를 둘러보니 어린 왕자 흉내보다는 로빈슨 크루소가 낫겠군.

독자들이야 〈캐스트 어웨이〉의 톰 행크스가 더 친숙하겠지만, 배구공하고 이야기하기엔 너무 현실적이잖아. 그래, 그리고 나에겐 인터넷이 있지. 유튜브에 내가 사는 꼴을 올리면 인플루언서가 될지도 모르지.'

"젠장(What the fuck)!"

'통신이 되질 않는다. 다음 번 화성 탐사가 4년 후니 그때까진 꼼짝없이 여기서 지내야 하는군. 어디 배구공이라도 없나. 윌슨을 만들어야 하는데 말이지. 잠깐 지금 그게 중요한 게 아닌데. 앗, 먹을 게 1년치뿐이군. 이건 로빈슨 크루소보다 심하잖아. 그 친구는 낚시라도 할 수 있었지. 화성 흙 속에 곰팡이라도 있다면 배양해서 먹으면 좋겠군.

자, 어쩐다? 내가 하루에 한 끼만 먹으면 3년은 버틸 수 있고, 만약 하루에 4분의 3끼니만 먹으면 탐사선이 올 때까지 가까스로 버티겠군. 이거 내가 간디가 돼야 하는 건가? 어디 보자. 시리얼, 파스타, 케첩, 베이컨, 초콜릿, 쌀, 감자, 뭐 감자? 이거 익히지도 않은 생감자네. 그럼 이 녀석을 심어서 키우면. 흠. 하루에 한 끼는 포테이토 프라이로 때우고, 한 끼는 포테이토 스프로 때우면서 대충 살아갈 수 있으려나? 쌀은 키우는 건 너무 힘들겠지? '

### 조난한 우주인이 감자 농사를 시작한 이유

영화 〈마션(The Martian, 2015)〉의 원작 소설 첫 문장은 '난 아무래도 망한 것 같다(I'm pretty much fucked)'다. 화성으로 탐사를 떠난 과학자 여섯 명 중 홀로 남게 된 주인공의 심정을 담은 한마디다. 그러나 별수 있나? 살아 있기는 하고, 자살을 결심한 것이 아니라면 삶을 유지해야 한다. 이때부터 주인공의 고군분투가 이어지고, 지구에서는 그를 구하기 위한 갈등이 펼쳐진다. 사실 누가 뭐라고 하든지 사족에 불과하다. 이 영화의 처음과 끝은 '살아남기'다. 그런 의미에서 이 영화는 우주판 《로빈슨 크루소(The life and Strange Surprising Adventures of Robinson Crusoe, 1719)》라 할 수 있다. 어찌 되었건 일단 먹어야 산다. 저장된 식품은 한정되어 있고, 혹시나 지구에서 누군가 자신을

〈마션〉에서 맷 데이먼이 끼니 해결을 위해 분투하는 모습을 보며, 세간에서는 〈삼시세끼 화성편〉이라는 평을 하기도 했다.

구하러 오더라도 몇 년은 걸릴 상황. 육식은 언감생심이다. 뭔가를 길러서 먹어야 한다. 화성 최초의 농경이 시작된다. 그가 선택한 것은 감자다.

왜 감자일까? 물론 보관된 음식 중 유일하게 재배가 가능한 것이 감자였을 수도 있다. 밀은 낟알 형태가 아니라 가루였을 것이고, 서양인들 위주로 모인 우주비행사들을 위해 쌀을 식량으로 삼았을 가능성은 별로 없다. 만약 쌀이나 보리, 밀이 있었다고 하더라도 감자를 택했을 것이다. 감자는 대표적인 구황작물이다. 즉, 가뭄이 들거나 전쟁이 난 특수한 상황에서 다른 작물보다 생명을 유지하기 위해 먹을 음식으로 적합하다. 척박한 땅에서도 잘 자라는 식물이란 뜻이다.

게다가 화성의 토양은 기본적으로 척박할 수밖에 없다. 지구와는 완전히 사정이 다르다. 지구의 흙은 그 성분 대부분을 생물이 만들었다. 물론 흙의 광물 성분은 암석이 풍화된 것이지만, 그 속을 채우고 있는 유기물은 모두 이전에 살았던 생물들이 남겨놓은 것이다. 화성은 어떨까? 최소한 우리가 아는 범위 내에서 화성에는 의미 있는 생물이 없다. 당연히 생물의 유해도 없을 것이고, 흙에도 별다른 영양분이 없다.

물론 식물에게 필요한 무기염류는 많을 것이다. 인, 철, 마그네슘, 칼륨, 칼슘 등은 광물에도 포함되어 있는 것이니 풍부할 것이다. 그러나 생물이 자신의 몸을 만들 때 가장 중요하고 많이 필요로 하는 것은 질산염 성분이다. 이는 대부분 다른 생물들이 만들거나 남긴 것을 사용하게 된다. 지구에서도 농사를 지을 때 가장 많이 사용하는 비료가 바로 질산염 성분이다. 그러니 화성과 같은 척박한 환경에서 뭔가를 기른다면, 그나마 잘 자랄 것으로 예상되는 작물을 심을 수밖에 없다. 그것이 바로 감자다.

감자의 원산지는 아메리카 대륙의 안데스산맥이다. 안데스산맥은 예로부터 비가 잘 내리지 않고 생물 분포도 그리 풍부하지 않은 곳으로 유명하다. 그런 곳에서 원주민들이 먹을거리로 선택한 것이 감자였다.

유럽인들이 아메리카를 자신들의 식민지로 삼고 나서 유럽으로 가져간 작물로는 토마토와 옥수수, 감자가 대표적이다. 그 중 감자는 가장 빠르게, 가장 널리 보급된 작물이다. 남미 쪽으로 진출한 에스파냐와 포르투갈 사람들, 특히 에스파냐 사람들에 의해 유럽에 전파되었다. 신대륙으로 갈 때는 고국에서 식량을 싣고 왔지만, 귀국할 때는 남미에서 식량을 싣고 가야 했다. 그때 오래 보관하기 좋은 감자나 옥수수를 식량으로 삼았던 것이다. 그리고 귀국 후에는 먹고 남은 감자를 심어보았고, 재배하기 효율적이라는 사실을 깨달았던 것이다. 감자는 다른 작물들이 잘 자라지 못하는 척박한 곳에서도 잘 자랐고, 밀이나 귀리보다 산출량도 많았다. 더구나 춥고 건조할수록 감자 안에 쌓이는 당 성분이 더 많아지니 식량으로는 더없이 괜찮은 작물이었다.

물론 처음 감자를 들여왔을 때에는 '아무 맛도 없는 맛'이라는 표현이 가장 적합할 정도로 밍밍한 맛이었다고 한다. 그래서 영국이나 아일랜드를 제외한 유럽 본토에서는 별로 선호하는 식품이 아니었다. 그래도 가축 사료로는 제격이었다. 밀이나 귀리가 자라기 힘든 척박한 곳, 농사가 잘되지 않는 북유럽의 춥고 건조한 지역에서부터 감자농사가 유행하기 시작했다.

흉년이 들자 감자의 진가가 나타나기 시작했다. 밀이나 귀리 농사를 망치고 배고픔이 서서히 밀려오고 너도나도 굶어 죽기 직전이 되자, 맛이 있건 없건 감자는 목숨을 이어주는 귀한 작물이 되었다. 보관하기에도 나쁘지 않아서 영주들은 농민들에게 감자 심기를 강요했다. 마침 가축의 수요도 늘어날 때였다. 물론 귀족들은 한참 동안 감자를 먹지 않았다. 감자는 가축이나, 가축과 다름없는 취급을 받았던 농민들이 먹었다. 고흐의 그림 중 〈감자 먹는 사람들(De Aardappeleters, 1885)〉은 꽤 유명한데, 어두운 방 안에서 농민들이 다른 부식거리 없이 그저 삶은 감자만 먹는 장면을 보면 우울한 느낌마저 든다. 감자 말곤 먹을 게 없는 당시 농민의 삶을 그대로 보여주기 때문이다.

### 화성에 가서 살려면 테라포밍을

테라포밍이란 지구 이외의 장소를 지구처럼 만든다는 뜻이다. 새로 집을 구해 이사를 가더라도 내가 전에 살던 곳처럼 쾌적하게 만들어 살고 싶은 것이 사람의 마음이다. 유럽인이 아프리카와 아메리카, 동남아 등을 식민지로 만들고 그곳에 이주했을 때에도 마찬가지였다. 지금도 남아 있는 식민지 시대의 건축물들을 보고 있으면 자신들이 살던 곳처럼 만들기 위해 얼마나 노력했는지 짐작할 수 있다. 당연히 우주로 나아가 화성이든 타이탄이든 지구 이외의 천체로 이주한다면 최대한 인간이 살 만한 곳으로 만들려 할 것이다. 즉, 지구처럼 만든다는 말이 되겠다. 그래서 지구를 이르는 말인 '테라(terra)'에 만든다는 뜻인 '포밍(forming)'을 붙여 테라포밍이라고 한다.

그럼 화성으로 거주지를 옮긴다면 가장 먼저 어떤 일들을 해야 할까? 일단 화성은 태양에서 너무 멀어 춥다. 지구만큼은 아니더라도 온도를 조금 더 높여야 살기에 편해진다. 그럼 어떻게 온도를 높여야 할까? 화성에는 지구처럼 양쪽 극지방에 잔뜩 얼어붙은 얼음들이 있다. 이를 극관이라고 한다. 그런데 극관의 대부분은 물이 아니라 드라이아이스다. 즉, 이산화탄소라는 말이다. 이산화탄소라고 하면 머릿속에 '지구온난화'가 거의 동시에 떠오를 것이다. 그럼 화성에서도 온난화를 일으키면 될까? 그렇다. 만약 화성 극관을 녹여 대기 중의 이산화탄소 농도를 높일 수만 있다면, 지구에서 인간이 그랬던 것처럼 온난화의 '뜨거운 맛'을 화성에도 보여줄 수 있다.

테라포밍이 된 화성의 상상도. 테슬라와 스페이스X를 이끌고 있는 일론 머스크는 2024년에 화성에 첫 이주자를 보내겠다고 공언했다.

그럼 화성의 꽁꽁 얼어붙은 극관을 무슨 수로 녹일 수 있을까? 테라포밍을 진지하게 고민하는 이들은 세균을 열쇠로 생각한다. 영하 60도 정도의 극한 환경에서 희미한 태양빛만으로도 광합성을 할 수 있는 까만 세균이 있다면 가능하다고 한다. 이 세균을 우주선에 잔뜩 실어다가 극관에 뿌려대는 것이다. 이 세균은 화성의 열악한 조건에서도 광합성을 하며 무리를 불릴 수 있다. 화성의 대기가 지구보다 훨씬 희박하지만 그래도 대기 성분의 대부분은 이산화탄소이니 광합성을 할 재료는 충분하다. 더구나 극관에는 물도 일부 섞여 있다. 광합성에 필수적인 두 성분인 물과 이산화탄소가 있으니 가능한 일이다.

이 세균이 극관을 뒤덮으면 이제 까만색이 힘을 발휘한다. 하얀색은 빛을 반사하는 성질이 있고 검은색은 빛을 흡수하는 성질이 있다. 화성의 극지방을 까맣게 뒤덮은 세균 덕분에 극관은 희미하게나마 햇빛을 흡수한다. 그럼 온도가 올라가고 극관의 일부가 녹는다. 녹아서 기체가 된 이산화탄소가 대기 중에 자리 잡으면, 이산화탄소의 온실효과로 화성의 온도가 올라간다. 그러면 또다시 극관이 녹고 이산화탄소의 농도는 더욱 높아진다. 결국 극관이 모두 녹을 때까지 지속적으로 화성의 온도는 올라갈 것이다. 이런 연쇄적인 반응을 '양성 되먹임(positive feedback)'이라고 한다. 시작의 방아쇠만 당기면 나머지는 저절로 이루어지는 것이다. 하지만 이 방법은 시간이 꽤 오래 걸린다는 단점이 있다.

조금 더 빠르고 쉬운 폭력적인 방법도 있다. 화성과 목성 사이의 소행성대에서 적당한 크기의 소행성을 골라 화성에 충돌시키는 것이다. 백악기 말 지구에 충돌한 소행성보다 조금 더 큰 행성이 충돌한다면 온도 상승효과가 꽤 될 것이다. 그리고 굳이 하나일 필요도 없다. 우리가 바라는 정도로 온도가 올라갈 때까지 몇 개든 충돌시킬 수 있다. 화성 입장에서는 많이 아프고 힘들겠지만 일단 온도를 올리는 데는 효과 만점이다. 소행성을 많이 충돌시키면 부가적으로 화성의 질량이 커지는 효과도 있다.

질량이 커지면 중력이 커질 것이고, 중력이 커지면 따라오는 부가효과가 있다. 일단 대기를 잡아두는 힘이 커진다. 화성이 지금처럼 대기가 희박한 것도 중력이 약하기 때문이다. 단, 소행성을 마구잡이로 충돌시킬 순 없다. 화성의 질량을 훨씬 더 크게 만들면 지구에 위협이 될 수도 있기 때문이다. 지구는 태양과 달의 중력에 가장 크고 중요한 영향을 받지만, 금성과 화성의 중력에도 영향을 받는다. 만약 화성의 질량이 유의미하게 커진다면 지구의 공전 궤도에도 교란이 일어날 수 있고, 그러면 아주 심각한 문제가 발생할 수 있다.

물론 그렇다고 해도 화성이 지구 정도의 온도를 가지긴 힘들 것이다. 그러나 바다가 없는 화성의 특징이 의외의 장점이 될 수 있다. 지구는 바다가 70퍼센트를 차지하고 있다. 지구의 표면 대부분을 차지하는 바다의 흐름이 적도와 극지방을 오가면서 에너지를 전달한다. 그래서 바다가 없을 때보다 지금 지구의 적도는 덜 뜨겁고, 극은 덜 춥다. 인간이 지금처럼 북극 가까이 또는 적도 부근에서 살 수 있는 것도 바다의 해류가 에너지를 전달해주기 때문이다. 물론 대기의 흐름도 영향을 준다. 지구는 대기와 바다의 흐름에 의해 적도와 극의 온도 차이가 아주 작은 행성이다. 반면 화성은 바다도 없고 대기도 지구보다 훨씬 희박하다. 따라서 극지방과 적도의 온도차가 지구보다 더 크다. 즉, 화성의 적도는 꽤 높은 온도를 유지할 수 있다는 뜻이다. 따라서 화성에 거주하게 될 사람들은 적도를 중심으로 자리 잡으면 일단 혹독한 추위는 조금 피할 수 있게 된다. 단순히 쾌적함만을 위한 선택이 아니다.

겨울철에 가스보일러를 열심히 돌리다 월말에 가스요금 폭탄을 맞아본 사람은 알 것이다. 추운 곳에서 따뜻하게 지내려면 꽤 비싼 대가를 치러야 한다는 것을. 미래의 화성 거주민들이 지금처럼 추운 화성에서 인간다운 삶을 유지하려면, 화성에서 생산하는 여러 에너지의 상당수를 난방을 위해서 사용해야 한다. 이 말은 곧 다른 용도로 사용할 에너지가 줄어든다는 뜻이기도 하다. 따라서 화성의 기본 온도를 몇 도라도 상승시키는 것은 생존을 위한 중요한 토대가 된다.

그러나 일시적으로 기온이 높아진다고 모든 것이 해결되지는 않는다. 화성이 높아진 온도를 유지하려면 대기의 밀도가 더 커져야 한다. 아주 얇은 홑이불은 그 속에서 잠자는 사람의 체온을 유지시키기 힘들지만 두꺼운 솜이불은 잘 유지시켜주는 것과 동일한 이치다. 대기의 주 성분은 다른 물질과의 상호작용을 비교적 적게 하는 기체여야 한다. 지구를 봐도 그렇다. 초기 지구 대기의 대부분을 차지하던 수소나 메테인(메탄), 암모니아 등은 워낙 반응성이 커서 금방 사라졌다. 그리고 남은 것이 이산화탄소와 질소인데, 둘 중에선 질소가 더 반응성이 작아 지속성이 높다. 또는 아르곤이나 네온 같은 다른 비활성 기체를 쓸 수도 있다.

대기를 산소만으로 채우면 안 되냐고 생각하는 사람도 있을 것이다. 어차피 사람이 살려면 식물을 재배해야 할 것이고, 그 식물이 자연적으로 산소를 내뿜으니 산소가 많아지면 대기 밀도는 자연스럽게 채워질 게 아니냐는 생각이다. 하지만 산소만으로 이루어진 공기 속에선 사람이 살 수 없다. 먼저 산소는 아주 강력한 산화제다. 즉, 화학반응을 엄청 잘한다는 뜻이다. 꺼져가는 불씨도 산소만 들어 있는 그릇 안에 넣으면 아주 잘 탄다. 마찬가지로 산소로만 이루어진 대기에서는 여러 가지 화학반응이 거세게 일어날 것이고, 화재나 폭발의 위험성도 아주 높아질 것이다. 또 사람은 산소가 과도하게 많은 곳에서 '산소중독'에 걸린다. 목숨까지 위태로워질 정도다. 바다에서 사용하는 산소통에도 산소만 든 것이 아니라 질소와 헬륨 성분이 같이 들어 있다. 따라서 산소 농도가 어느 정도 높아지는 건 상관없지만, 다른 대기 성분들도 필요하다.

대기압이 높아야 할 또 하나의 이유가 있다. 바로 압력 그 자체 때문이다. 인간의 몸은 1기압이라는 지구 대기압에 적응하며 진화되었다. 0.9기압이나 1.1기압 정도면 버티겠지만 화성처럼 압력이 100분의 1밖에 안 되면 도저히 살 수가 없다. 그만큼 사람이 화성에서 대기에 노출된 채 살려면 대기 밀도를 지구와 엇비슷한 정도로 만들어야 한다. 지구의 수준으로 질소나 기타 공기를 공급할 수 있을지 의문스럽긴 하다. 결국 대기 밀도 문제가 해결되지 않는다면 화성에 이주한 사람들은 집 밖으로 나갈 때마다 산소공급장치와 여압장치가 장착된 옷을 입어야 한다. 매번 외출할 때마다 우주복을 입어야 한다는 말이다.

이게 끝이 아니다. 화성에서 사람이 살기 위해서는 또 다른 문제가 해결되어야 한다. 화성에는 행성 자기장이 없다. 화성의 핵이 고체이기 때문이다. 지구는 외핵이 액체 상태로 존재한다. 외핵의 성분은 철과 니켈이다. 외핵 윗부분은 온도가 낮고 내핵과 마주한 아랫부분은 온도가 높다. 이 온도차에 의해 외핵의 물질들이 대류를 하게 된다. 철과 니켈이 대류를 하면서 유도 전류가 발생하고, 이 유도 전류에 의해 지구에 자기장이 형성된다. 이를 다이나모 이론(Dynamo Theory)이라고 한다. 나침반을 쓸 수 있는 것도 이러한 외핵의 대류 때문이다.

지구는 외핵에 의해 행성 자기장이 꽤 발달된 행성이다. 덕분에 대기권 최상층부에 밴앨런대(Van Allen belt)라는 전리층이 형성된다. 대기권의 제일 위쪽 공기가 희박한 층에서는 태양에서 날아온 빛에 의해 원자들이 분해된다. 원자핵은 플러스 전기를 띠고, 전자는 마이너스 전기를 띠는데, 이들이 지구 자기장의 영향에 의해 지구 전체를 감싸는 밴앨런대가 되는 것이다. 이 전리층이 지구로 날아오는 태양풍을 막아준다. 태양풍은 양성자, 전자, 헬륨의 원자핵 등으로 구성되어 있다. 간단히 말해서 방사선이다. 만약 지구 자기장이 이들을 막아주지 않는다면 우리는 1년 365일 내내 원자폭탄이 옆에서 터지는 것과 같은 환경에 노출된다. 다시 말해, 살 수가 없는 것이다. 그런데 화성이 딱 그렇다. 물론 태양까지의 거리가 지구보다 훨씬 멀기 때문에 그 양이 적기는 하지만, 그렇다고 안심하고 살 수 있는 수준은 아니다. 만약 이 문제에 대한 대책이 없다면 화성 거주민은 방사선 차폐막이 둘러진 건물 안에서만 생활해야 한다. 밖으로 나갈 때도 방사선 차폐막이 갖춰진 차량을 타고, 방사선 차폐막이 있는 우주복을 입어야 한다.

테라포밍에 대해 연구하는 사람들은 인공 자기장을 만들 수 있는 장치를 화성 궤도에 띄우는 것을 고민하고 있다. 또는 화성의 자전 궤도를 올려서 더 빠르게 돌게 만들면 된다는 주장도 있다. 불가능한 상상은 아니지만 그에 뒤따르는 비용은 어떻게 감당하려는 걸까? 이런저런 사정을 고려해보면 화성 전체를 지구처럼 만들려는 계획은 부질없거나 또는 실현 가능성이 대단히 낮다는 걸 알 수 있다. 결국 먼 훗날 지구인이 화성을 가더라도 돔형 거주지 몇몇 곳에 소수가 사는 형태가 될 수밖에 없을 것이다.

### 지구에 남은 최후의 미개척지, 바다

사실 우리에겐 화성보다 더 가깝고 개발의 기술적 난이도도 낮은 미지의 세계가 바로 옆에 있다. 지구의 70퍼센트를 뒤덮고 있는 바다다. 물론 바다 집시처럼 바다를 집으로 삼는 사람들이 아주 없는 것은 아니지만 대부분의 바다는 비어 있다. 이곳에 거주지를 만들고 이주하는 것이 화성 이주 계획보다 오히려 더 빠르고 비용도 덜 드는 일이 아닐까? 실제로 그런 생각을 가지고, 해저도시를 만들려는 시도가 있다.

먼저 플로팅 아일랜드다. 말 그대로 물 위에 둥둥 떠다니는 섬을 인간의 거주지로 삼자는 것이다. 이 분야에서 네덜란드가 가장 앞서나가고 있다. 지구온난화로 인한 문제 중 하나가 해수면 상승이다. 네덜란드는 전 국토의 4분의 1이 현재의 해수면보다 아래에 있어서 꽤 심각한 상황이다. 더구나 이전부터 잡혀 있던 간척 계획들이 자연 환경에 나쁜 영향을 준다는 비판을 받아 지연되거나 취소되는 문제까지 겹쳤다. 그래서 네덜란드 해양연구소에서는 삼각형 모양의 모듈을 연결해서 만드는 인공섬을 계획하고 있다. 거대한 삼각형 모양의 플로팅 모듈(floating module)을 연결하여 약 5.1킬로미터의 지름을 가진 인공섬을 만들겠다는 것이다. 그리고 이곳에 주택과 일상생활에 필요한 여러 기반 시설을 갖추고 파력과 풍력, 태양광 등의 전력 생산시스템을 도입하고, 해조류 및 어류 양식장까지 갖추어 완전히 자립할 수 있도록 하겠다는 계획이다. 대략 수천 명에서 수만 명이 살 수 있는 규모를 생각하고 있다고 한다. 모듈로 만드는 이유는 전체를 통으로 만드는 것보다 대규모 파도나 폭풍 등으로부터 훨씬 안전하기 때문이다.

네덜란드에서는 1990년부터 해상도시 개발이 진행 중이다. 암스테르담의 아이버그 수상주택단지가 이미 선을 보였다. 이 주택들은 해안 바로 옆에 지어져 데크로 육지와 연결되어 있다. 보트와 도보, 자동차로 이동이 가능하다. 현재 75세대가 입주해 있고 점차 그 수를 늘리고 있다.

미국에서는 민간 주도하에 시스테딩(Sea Steading) 프로젝트를 추진했었다. 페이팔 공동창립자 등 미국의 억만장자들이 주도했던 이 프로젝트는 수백만 명이 살 수 있는 규모의 거대한 해상 도시 국가를 태평양 공해(公海)에 건설하는 것이었다. 하나의 국가를 만드는 엄청난 규모의 계획이었다. 우선 공해가 아닌 프랑스령 폴리네시아의 바다 갯벌에서 시작하려 했었다. 해수면 상승의 영향을 직접 받는 인도양의 섬나라 몰디브의 경우도 물에 잠기는 국토 대신 인공섬에서의 삶을 준비하는 오션플라워(The Ocean Flower) 프로젝트를 계획하고 있다.

또 미국에서는 군사용으로 이동식 해상기지를 개발하고 있다. 모바일 오프쇼어 베이스(Mobile Offshore Base, MOB)라 이름 붙여진 프로젝트로, 미 해군연구청이 연구를 주도하고 있다. 이 기지는 최대 2,000미터 길이의 모듈 결합체다. 일본은 1997년부터 메가플로트(Mega Float) 프로젝트란 이름으로 1,000미터 규모의 떠다니는 해상 비행장을 개발하는 데 뛰어들었다. 이외에도 해상풍력단지의 중심에 세워질 인공섬이라든가, 해저유전을 시추하는 인공 부유물 등이 지금도 세계 곳곳에서 만들어지고 있다.

만약 거대한 인공섬이 도시 규모로 만들어진다면 도시를 유지하고 사람이 살아가는 데 필요한 에너지를 어떻게 충당할지가 가장 중요한 해결 과제다. 가장 간단한 방법은 육지에서 끌어오는 것이다. 송전선만 연결하면 되니 별로 어렵지도 않다. 지금도 전 세계의 바다 밑바닥에는 인터넷 연결을 위한 선이 깔려 있으니 그와 비슷한 방법으로 해결하면 된다. 하지만 이러한 방법은 자체적으로 에너지를 수급하려는 인공섬 프로젝트의 목적에 부합한 것이 아니다. 그렇다면 어떻게 에너지를 만들 수 있을까? 일단 에너지는 모두 전기로 공급될 것이다. 가정에서도 가스보일러나 가스레인지는 사용이 불가하고 모든 기기는 전기로만 움직이게 될 것이다. 결국 에너지 문제는 전기 생산의 문제다.

최우선 후보는 태양광 발전이다. 하지만 태양광 발전은 몇 가지 단점이 있다. 우선 밤에는 아예 전기 생산을 못 한다. 그리고 날씨에 따라 발전량이 가변적이라는 것도 치명적인 단점이다. 또한 아직까지는 면적 대비 효율이 떨어져서 섬 전체를 태양광 패널로 둘러싸도 원하는 전력량을 생산하지 못할 것이다. 마지막으로 태양광 패널은 수명이 20년에서 25년 정도다. 그 기간이 지나면 교체하고 낡은 것을 폐기해야 한다. 그런데 폐기물 중 일부는 독성물질이다. 다른 전자제품도 마찬가지이긴 하다. 이런 단점들을 고려하면 태양광 발전은 보조적 역할로 남을 것으로 보인다.

두 번째는 풍력 발전이다. 풍력의 경우도 기후에 많이 의존하기 때문에 가변적이다. 바람의 힘으로 날개를 돌리고, 날개와 연결된 터빈으로 전기를 만드는 방식이기 때문이다. 그러나 밤낮없이 전기를 만들 수 있다는 점에서는 태양광보다 유리하고 최근에는 효율도 꽤 많이 높아졌다. 현재 시점으로 보면 풍력이 유력한 대안으로 보인다. 실제로 현재 유럽의 신재생에너지 분야에서도 풍력의 비중이 점차 커지고 있다.

세 번째는 파력 발전이다. 파도가 치는 힘으로 터빈을 돌리는 것이다. 바다에서 파도는 늘 치는 것이니 안정적인 전기 공급원인 셈이다. 다만, 아직까지 효율이 그리 높지 않다는 단점이 있다. 앞으로 기술이 발전하면 효율은 더욱 높아질 가능성이 있으므로 유력한 연구 대상이다. 그러나 파력발전의 경우, 발전설비의 내구성 문제가 남아 있다. 또 바다 생태계에 직간접적으로 영향을 줄 수 있는데, 이 부분에 대한 연구가 아직 많이 진척되지 않았다.

네 번째는 해양열 에너지 변환(Ocean Thermal Energy Conversion, OTEC) 발전이다. 바다 표면은 태양에 의해 데워져

수온이 높고, 심해는 햇빛이 닿지 않으니 온도가 낮다. 이 두 층의 온도차를 이용해 터빈을 돌려 전기를 생산하는 방식이다. 해양 온도차 발전이라고도 부른다. 특히 이 방법에 주목하는 이유는 발전 과정에서 부산물로 담수를 얻을 수 있기 때문이다. 사람이 사는 섬이니 당연히 물이 필요할 것이고, 육지로부터 물을 공급받지 않는다면 담수화 시설은 필수다. 따라서 전기도 생산하면서 물도 얻을 수 있으니 일석이조인 셈이다. 건물의 냉난방에도 이용할 수 있다. 하지만 표층수와 심해수의 온도차가 15도 이상 되어야 하므로 열대와 아열대 부근에서만 발전을 할 수 있다. 위도가 높거나 깊이가 얕은 바다에선 힘들다.

마지막으로 육지에서 발전하던 기존 방식대로 화력 발전을 할 수도 있다. 물론 이산화탄소 발생으로 인한 지구 온난화가 심각한 지금 현실에선 받아들이기 힘든 방식이다. 그러므로 화력 발전은 천연가스를 주연료로 사용하면서, 다른 발전 설비에 문제가 생기는 위급한 상황에서만 제한적으로 사용하게 될 것이다.

인공섬의 에너지를 생산하기 위해 한 가지 방법만 사용하지는 않을 것이다. 한 가지 방식만 고집하는 것이 바람직하지도 않다. 다양한 에너지원에서 분산적으로 전기를 생산하되 태양광과 풍력을 기본 옵션으로 하고, 기후나 여타 조건에 따라 파력이나 해양열 에너지 변환 발전을 함께 사용할 가능성이 높다.

에너지의 효율적 저장기술도 중요하다. 지금까지 살펴본 대부분의 신재생에너지 발전 방식은 인간이 제어할 수 없는 외부 환경에 의해 발전량이 들쑥날쑥할 수밖에 없다. 따라서 전력 생산이 넘칠 때 전기에너지를 저장했다가 부족할 때 공급할 수 있는 대규모 저장장치가 필수적이다. 또한 애초에 섬을 건설할 때 전기 에너지 사용을 최소화할 수 있는 방식을 도입해서 전기 사용량 자체를 줄이는 일도 고려해볼 만하다.

물론 이런 기본적인 문제가 해결되어도 걱정거리는 숱하다. 식량, 쓰레기, 생태계 교란 등 여러 가지 문제가 남아 있다. 그래도 화성에 기지를 건설하는 데 비하면 아주 난이도가 낮은 문제임에는 분명하다.

### 바다의 물밑에 도시를 짓는다면

바다에 거주 공간을 개척하려는 이들이 인공섬만 계획하고 있는 것은 아니다. 해저에서 살아볼 궁리도 하고 있다. 현재도 얕은 바다 밑에 수중호텔과 같은 일부 건물이 지어져 있다. 그러나 지금 사람들이 꿈꾸는 일은 건물 한두 개가 아니라 바다 밑에 통째로 도시를 짓는 것이다.

바다는 워낙 넓어서 아무 데나 지으면 될 것 같지만 사실 해저도시의 입지조건도 꽤 까다롭다. 바다의 90퍼센트 이상은 심해저 평원으로 구성되어 있다. 수심 3킬로미터가 훌쩍 넘고, 지상에 비해 300배 이상의 압력이 가해지는 곳이다. 이런 곳에 건물을 짓게 되면 구조도 제한되고 비용도 비싸진다. 더구나 문제가 생겼을 때 탈출하기도 굉장히 곤란하다. 그래서 일단 그렇게 깊은 곳은 제외된다. 지진활동이 활발한 곳도 피해야 한다. 판의 경계를 피해야 한다는 얘기다. 예를 들어, 일본 주변을 비롯한 환태평양 조산대(Circum-Pacific Belt)가 연이어 있는 태평양 연안 대부분은 불합격 판정을 받는다. 그러면 남는 곳은 전체 바다 중 5퍼센트 미만에 불과하다.

제외되는 지역을 조금 더 찾아보도록 하자. 우선 우리나라 황해 같은 곳은 안 된다. 물이 너무 탁해서 조금만 내려가도 햇빛이 닿질 않기 때문이다. 지상에서 몇백만 년을 진화한 인간이 빛이 아예 들어오지 않는 곳에서 살 순 없을 것이다. 또 강이 바다로 흘러들어가는 곳도 마찬가지 이유로 제외된다. 강물에 같이 밀려오는 여러 물질 때문에 물의 혼탁도가 증가하기 때문이다. 너무 얕은 곳도 좋지 않다. 태풍이나 쓰나미 등의 영향을 받을 수 있다. 보통 태풍이나 쓰나미는 수심 30미터 정도까지 영향을 미친다. 그보다 더 내려가야 한다는 말이다. 그렇다고 너무 밑으로 내려가면 햇빛이 약해진다. 물의 압력도 깊이에 비례해 커질 것이다. 적어도 수심 100미터 부근을 기준으로 위쪽이어야 한다.

이렇게 조건을 따져보면 결국 수심 30~100미터 정도 깊이의 대륙붕 지역 중 바닷물이 탁하지 않아 빛이 잘 들어오면서 지진

등으로부터 비교적 안전한 지역이 해저도시 건설의 최적 후보지가 된다. 꽤 까다롭다. 이런 조건을 다 따져보면 가장 알맞은 곳은 결국 태평양의 섬 주변이 된다.

그렇다면 해저도시의 장점은 무엇일까? 일단 수온은 기온보다 변화가 적다. 겨울이나 여름이나 별 차이가 없다. 더구나 수심 30~100미터 정도면 사람이 살기에 쾌적한 온도가 1년 내내 유지된다. 따로 냉난방을 하지 않아도 되니 에너지 사용량이 크게 줄어든다. 그 외에 필요한 에너지도 플로팅 아일랜드처럼 생산할 수 있다.

해저도시 위에는 플로팅 아일랜드도 띄울 수 있다. 플로팅 아일랜드에서 할 수 있는 대부분의 일을 해저도시에서도 할 수 있다. 즉, 생산적인 일을 하는 공간은 플로팅 아일랜드에 만들고, 거주지역은 해저에 짓는 것이다. 해저 건물은 압력에 강한 돔형 구조로 짓게 될 것이다. 현재 건설기술로 봤을 때 어려운 점은 별로 없다. 다만 관광용이 아닌 실생활을 위해 이런 건물을 짓는다면 비용 부담이 만만치 않을 것이니 효율성을 따져봐야 한다.

이렇게 최적의 입지만 마련되면 해저기지를 짓는 일은 쉬운 걸까? 결론부터 말하자면 그리 어려운 일은 아니다. 실제로 남태평양 피지에 있는 포세이돈 리조트는 수심 10미터에 지어져 있다. 10센티미터 두께의 투명한 아크릴 플라스틱을 이용해 조망을 확보했다. 외부의 압력은 높지만 내부는 지상과 같은 1기압으로 유지된다.

더구나 지속적인 기술 개발로 인해 건설 환경은 더 좋아지고 있다. 일단 해저기지는 모듈 형태로 제작될 것이다. 그러면 각 가구가 거주할 공간별로 따로 지을 수 있다. 모든 작업은 지상에서 이루어진다. 마치 조선소에서 배를 짓듯이, 공장에서 컨테이너 주택을 짓듯이 만들어지는 것이다. 모듈이 완성되면 설치할 해저의 위까지 바다로 이동해서 설치한다.

이때 수중 조립 작업은 지상 모듈 제작 작업보다 훨씬 난이도가 높다. 그래서 도시를 세울 해역에 거대한 플랜트 선박을 고정시키고 거기서 조립작업을 마친다. 어느 정도 조립이 끝나면 그대로 가라앉힌다. 수중 작업이 완전히 없는 것은 아니다. 그래서 인간 대신 작업을 해줄 수중 로봇이 개발되고 있다. 작업은 주로 유선으로 조종되는 로봇에 의해 이루어지고, 해상의 선박에서 광통신으로 조종하게 된다. 절단, 수송, 용접 등 다양한 작업에 로봇이 사용된다.

해저도시에서 사람이 살려면 물과 산소, 그리고 에너지가 필수적이다. 우선 물은 담수화 설비로 해결한다. 우리나라도 담수화를 하기 위한 꽤 높은 수준의 기술을 가지고 있다. 우선 바닷물을 역삼투압 장비로 걸러서 마실 수 있는 물로 바꾼다. 이 물을 전기분해하면 수소와 산소로 분리가 된다. 산소는 호흡을 위해 사용하고, 수소는 다시 에너지원으로 쓸 수 있다. 연료전지의 원료가 되는 것이다. 물론 산소를 만드는 데 이렇게 전기를 쓰는 건 좀 아까운 것도 사실이다. 만약 해저기지에서 대량의 식물성 플랑크톤을 기른다면 이들의 광합성을 통해서 산소를 공급할 수 있다. 마찬가지로 도시 일부 지역에서 농산물을 재배하면 작물에서 발생하는 산소도 이용할 수 있을 것이다. 앞서 인공섬에서 살펴본 것처럼 해양열 변환 발전을 이용하면 담수를 얻으면서 전기도 생산할 수 있다.

지상과는 두 가지 방법으로 연결이 될 가능성이 높다. 하나는 지상까지의 연결통로를 만드는 것이다. 형태는 여러 가지일 수 있지만 가장 유력한 것은 수중 터널로 부근 해안까지 연결하고, 다시 엘리베이터를 통해 올라가는 방식이다. 아니면 해저도

현재 여러 나라가 거주 목적뿐 아니라 식량문제 해결, 자원 개발이나 군사적 연구를 위해 해저도시를 개발하고 있다. 미국은 이미 1986년에 수심 18미터에 해중과학연구기지를 세워 사용 중이다.

시 바로 위에 설치된 플로팅 아일랜드로 직접 수직 통로를 통해 연결될 수도 있다. 만약의 사태에 대비해 잠수정을 통한 이동도 필요할 것이다. 잠수정에 의한 이동은 부피가 크고 무거운 물품을 옮기기 위해서도 필수적이다.

거주민의 안전을 위한 대책도 필요하다. 모듈형 설계를 하는 이유도 한 곳의 피해가 다른 곳으로 확산되지 않도록 하기 위한 것이다. 각 모듈은 비상시에 분리되어 부상할 수 있도록 조립된다. 플로팅 아일랜드는 비상시 대피처의 역할을 하게 된다.

왜 인간은 이렇게 해저 또는 바다 위에 도시를 건설하려는 걸까? 첫 번째 이유는 국토가 곧 사라질지 모른다는 불안감 때문이다. 나라마다 사정은 다르지만 국토의 많은 부분이 해수면과 별 차이가 없는 지역에서는 지구온난화로 인한 해수면 상승이 심각한 문제다. 투발루나 몰디브가 대표적이다. 우리나라나 일본도 예외는 아니다. 네덜란드처럼 해수면보다 낮은 곳에 사는 사람들도 마찬가지다.

국토 대부분이 지각판의 경계면 위에 있어서 항상 화산 폭발과 지진에 대비해야 하는 나라들도 마찬가지다. 일본이 대표적인 예다. 흔히 만화나 영화에서 화산폭발과 지진으로 일본 열도가 가라앉는 시나리오를 이야기하지만, 과학적으로 보면 일본 열도는 가라앉지 않는다. 화산폭발이나 지진이 일어나면 오히려 더 높이 솟아오를 가능성이 크다. 하지만 그 과정에서 사람들이 희생되는 건 변함없다.

두 번째 이유는 해저자원의 발굴 등 경제적 필요성 때문이다. 석유나 석탄, 철광, 알루미늄, 망간, 텅스텐 등 우리의 일상생활을 유지하기 위해 필요한 자원은 한두 가지가 아니다. 그중 일부는 지상에서도 충분히 얻거나 만들 수 있지만, 일부 자원은 이제 서서히 고갈되고 있는 중이다. 또는 너무 깊은 지하에 매장되어 있거나 소규모라서 채산성이 맞지 않는 경우도 많다. 그러니 대륙붕 아래 묻혀 있는 다양한 지하자원에 눈독을 들이는 건 어쩌면 당연한 일이다. 더구나 지구 전체로 보면 충분한 양이라 하더라도 각 나라별로 부족한 자원이 있을 수 있다. 그리고 더 깊은 바다 속에는 망간단괴와 같은 광물자원이 바닥에 깔려 있다. 또 일종의 천연가스처럼 쓸 수 있는 메탄하이드레이트도 심해저에 다량으로 존재한다. 이런 물질들을 채굴하는 과정에서 자연스럽게 해저기지 건설이 고민되고, 그 고민이 연장되면서 해저도시 건설에 대한 연구도 진행되고 있다.

해저터널 등의 교통수단에 대한 기대감도 해저 개발에 박차를 가한다. 몇 년 전 거제도와 부산을 잇는 거가대교가 개통되었는데, 그중 일부 구간은 바다 밑의 터널을 통과한다. 또 영국과 프랑스 사이에 이미 해저터널이 개통되어 교통수단이 오가고 있다. 얼마 전 끝난 선거에선 중국과 우리나라 서해안 사이의 해저터널 건설이 공약으로 발표되기도 했다. 부산과 일본의 대마도를 잇는 해저터널도 논의가 되고 있다. 사람이 오가는 것뿐만 아니라 물류비용을 생각하면 그 또한 매력적이다.

이런 고민은 우리나라와 중국, 일본에만 한정되는 것이 아니다. 바다와 접한 나라 사이에서는 공통된 생각이다. 베링해를 사이에 둔 러시아와 미국, 북해를 공유하는 덴마크와 스웨덴, 태평양의 중국과 대만, 말레이시아와 인도네시아, 인도네시아의 여러 섬 사이도 마찬가지다. 이렇게 아주 긴 해저터널이 만들어지면, 유지하고 보수하기 위한 기지가 중간중간에 세워질 것이고, 그곳에 상주하는 사람들도 필요할 것이다. 그렇게 자연스레 해저 도시가 형성되는 과정도 생각해볼 수 있다.

4

# 다른 차원 우주에 사는 존재와 어떻게 만날 수 있을까?

### <몬스터 주식회사>로 보는 차원 이동

설리반과 마이크가 노래를 하네.

이제 우린 문을 열지,
문 너머엔 인간들이 살고, 어여쁜 아이들이 산다네.
우리가 문을 열고 살며시 다가가
등 뒤에서 어흥!

아이들이 자지러지며 비명을 지르네.
닭들이 여우를 보며 난리를 치듯.
아이들이 자지러지며 비명을 지르네.
쥐들이 고양이를 보며 난리를 치듯.

아이들이 자지러지며 비명을 지르네.

아이들아 비명을 지르렴.
더 크게, 더 높게,
눈물을 뿌리며 비명을 터트려.
너희의 비명을 봇짐에 담아
우리는 회사로 돌아가네.

이제 이 문을 열면
인간들이 살고, 겁에 질린 아이들이 있다네.
우리가 문을 열고 어흥, 어흥!

그러나 아이들에게 결코 손대면 안 돼.
손을 대는 순간 우리는 돌아갈 수 없다네.
이건 우리만의 비밀.
아이들에게 손을 대면 우린 골로 간다네.
아이들이 우릴 두려워하기보다
우리가 아이들을 더 무서워한다네.

우주를 넘어간다는 건 목숨을 거는 일.
우린 우주를 넘어 아이에게 간다네!

### 외로움은 우주의 일

애니메이션 〈몬스터 주식회사(Monsters, Inc., 2001)〉에서 몬스터들은 문을 열고 인간의 세계로 들어온다. 그러고는 아이들의 비명을 맘껏 수집하고서 다시 문을 열고 자신의 세계로 돌아간다. 소설 〈나니아 연대기(The Chronicles of Narnia)〉 시리즈에서도 옷장의 문을 열면 영원한 겨울의 나라 나니아로 가게 된다. 문을 새로운 세계로 통하는 입구로 상징하는 것은 소설이나 영화에서 자주 써먹는 방법이다. 하지만 달리 생각해보면 문이 우리 우주와 다른 우주를 이어주는 일종의 웜홀(wormhole) 역할을 한다고도 볼 수 있다. 그런데 우리가 살고 있는 우주 이외에 또 다른 우주가 과연 있는 걸까? 만약 있다면 우리는 그곳으로 갈 수 있을까? 갈 수 없더라도 서로 연락을 주고받을 수는 있을까?

먼저 우주가 하나가 아니라 여러 개 있다는 다중우주(Multiverse Theory) 이론을 한번 살펴보자. 다중우주 이론 중에 '누벼이은 다중우주(Quilted Multiverse)'라는 개념이

〈몬스터 주식회사〉의 주인공 설리반은 아이들의 비명을 모아 자원으로 사용하는 에너지회사의 직원이다. 덩치만 컸지 귀여운 괴물로 인기가 높다.

있다. 우리 우주의 시작과 깊은 관련이 있는 개념이다. 우주의 시간은 빅뱅 이후 지금껏 대략 136억 년 정도가 흘렀다고 한다. 그런데 이는 우리가 볼 수 있는 한계가 136억 년 정도로 제약되어 있다는 뜻이기도 하다. 우주의 한 곳에서 빛을 쏘아 보내면 빛은 초속 약 30만 킬로미터의 속도로 뻗어나간다. 아주 빠른 속도다. 하지만 빛의 속도가 무한대가 아니기 때문에 빛보다 빠르게 팽창하고 있는 우주는 우리가 영원히 볼 수 없게 된다.

가령 빛의 속도가 초속 1미터이고 이제 태어난 지 1년이 된 아기별들이 우주 곳곳에 흩어져 있다고 가정해보자. 그리고 아기별들이 태어나자마자 빛을 쏘았다고 생각해보자. 빛이 1년 동안 우주를 달린다고 하면, 몇 미터나 갈 수 있을까? 계산해보면 3만 1,536킬로미터를 갈 수 있다. 지구에서 달까지의 거리가 약 38만 킬로미터 정도이므로 지구에서 달까지 거리의 10분의 1도 가지 못한 것이다. 물론 시간이 지나면 더 멀리 갈 수도 있을 것이다. 그러나 아기별이 쏜 빛보다 우주가 더 빨리 팽창한다면 어떨까? 지금 우리 눈에 보이지 않는 별들은 영원히 볼 수 없게 된다. 빛이 오는 속도보다 더 빠르게 멀어지고 있기 때문이다. 마치 올라가는 에스컬레이터를 탄 이가 내려가려고 역주행을 하는데, 내려가는 속도보다 에스컬레이터의 올라가는 속도가 더 빠르면 영원히 내려올 수 없는 것과 같다.

실제 우주는 엄청난 속도로 팽창하고 있다. 빅뱅, 즉 우주의 시작부터 현재까지 단 1초도 쉬지 않고 팽창하고 있다. 326만 광년 정도 떨어진 거리면 서로 간에 초당 약 70킬로미터의 속도로 멀어지는 것이다.[4] 거리가 더 멀면 팽창하는 속도도 더 빨라진다. 가령 3억 2,600만 광년이면 팽창 속도가 초당 7,000킬로미터가 되는 것이다. 빛의 속도가 초당 약 30만 킬로미터인데, 대략 92억 광년 거리의 별은 지금 빛의 속도로 멀어지고 있다. 그보다 더 먼 곳은 빛보다 빠르게 멀어진다.

물론 92억 광년 거리의 별이 지구를 향해 쏜 빛을 지금 우리가 보고 있다면 그 빛은 92억 년 전에 보낸 것이다. 따라서 92억 년 동안 그 별도 멀어졌으니 지금은 대략 136억 광년 정도 떨어져 있는 것이다. 바로 그곳이 우리의 한계지점이다. 이것은 '우주의 지평선'이라고도 부른다.

결국 우리는 지금 말한 별보다 더 먼 거리에 있는 별이나 은하의 빛은 영원히 볼 수 없다. 그런데 '단순히 볼 수 없다'에서 끝나는 일이 아니다. 우주에서 빛보다 빠른 것은 없다.[5] 저 멀리 떨어진 어느 천체에 누군가가 살고 있다 할지라도 그와 우린 어떠한 교류도 할 수 없을뿐더러, 어떠한 영향력도 행사할 수 없다

**4** 외부은하의 후퇴속도와 거리 사이의 관계는 허블상수로 나타낼 수 있는데, 허블상수는 1메가파섹(Mpc), 즉 326만 광년 거리당 후퇴속도를 의미한다. 2013년 3월 유럽 우주국 플랑크 위성(Planck) 데이터에 따르면 허블상수는 67.80㎞/s/Mpc이나, 측정 방법에 따라 차이를 보인다.

**5** 우주 팽창 속도가 빛보다 빠르다는 데 의문을 제기할 수 있다. 빛보다 빠를 수 없다는 것은 질량과 에너지를 가진 물질에 해당되는 이야기다. 우주의 팽창은 공간 자체가 팽창하는 것이라 이와는 다르다.

는 뜻이다. 천문학자들에 따르면 우리가 관측 가능한, 즉 어떤 형태로든 서로 뭔가를 할 수 있는 이론적 한계는 465억 광년이다. 물론 우리가 실제로 어떤 상호작용을 할 수 있는 거리는 그보다 훨씬 짧다. 그 너머의 세계는 그들 나름대로의 우주가 되는 것이다. 우주의 실제 크기가 얼마인지는 과학자들에 따라 의견이 분분하다. 다만, 우리가 관측 가능한 거리보다 훨씬 더 멀리까지 뻗어 있다는 것에는 모두 동의한다. 여기서 첫 다중우주이론인 '누벼 이은 다중우주론'이 등장한다. 서로 간에 어떠한 영향도 행사할 수 없는 수많은 우주들이 우리 우주 안에 있다는 것이다.

그런데 이 개념을 조금 더 확장해보자. 앞서 우주가 점점 더 팽창하고 있다고 말했다. 우리와 거리가 먼 곳일수록 더 빠르게 팽창한다고도 했다. 그렇다면 지금 우리가 보고 있는 경계선의 천체들은 시간이 지나면 더 이상 볼 수 없게 된다는 뜻이다. 지금 겨우 보이는 그들은 우주의 팽창에 의해 우리와 거리가 더 멀어지고, 멀어진 만큼 더 빠르게 팽창하니 빛의 속도를 뛰어넘어버린다. 그렇게 경계가 축소된다. 경계의 안쪽에 있던 천체들은 다시 경계로 가고, 그 경계를 넘어버린다. 그래서 우리가 볼 수 있는 우주는 점차 줄어들게 된다. 밤하늘의 별들이 점차 사라지고, 더 어두워진다는 이야기다. 그래서 우주는 외로움을 키우는 곳인지도 모른다.

### 우리는 이 우주에 혼자인가

우주에 우리만 있다는 생각은 절로 외로움을 만든다. 자연스럽게 외계인에 대한 상상으로 이어지게 된다. 하지만 사실 외계인이란 상상은 근대적 발상이다. 우리의 선조들은 지구가 우주의 중심이라고 생각했다. 우주 자체가 지구를 위한 무대였다. 이런 세계관에서는 신 이외의 외계인을 상상하기가 힘들다. 밤하늘의 별들은 그저 밤이 어둡지 않도록 우리를 비춰주는 가로등 이상의 의미는 없다. 그래서 세계의 신화들을 보면 어디에도 외계인에 대한 언급이 없는 것이다.

16세기에 코페르니쿠스(Nicolaus Copernicus)가 지구가 태양 중심을 돈다고 선언을 하고, 뒤이어 다른 천문학자들이 여러 관측과 연구를 통해 지동설을 증명했다. 그리고 다시 태양조차도 우주의 중심이 아니라는 결론에 도달했다. 밤하늘에 떠 있는 무수한 별이 모두 태양과 마찬가지로 항성이라는 걸 알게 된 것이다. 그러자 별이 새롭게 보이기 시작했다. 저 별들이 태양과 같은 존재라면, 저 별들마다 태양처럼 행성들이 돌지 않을까? 그렇다면 그 행성들 중에는 지구처럼 생명체가, 더 나아가 고등지능을 갖춘 생명체가 사는 곳도 있지 않을까? 이런 생각이 자연스럽게 떠오른 것이다. 조르다노 부르노(Giordano Bruno)라는 사람은 갈릴레이와 비슷한 시기에 살았던 이탈리아의 수도자였는데, 바로 이런 주장을 했다는 이유로 교황의 노여움을 사서 화형당하기도 했다.

17세기 이후 비로소 우리는 외계인에 대한 상상을 하기에 이르렀다. 가장 먼저 달에 사는 외계인을 떠올렸고, 그다음은 화성인이었다. 하지만 천문학이 발달하면서 태양계의 행성에서는 지성을 가진 외계인의 흔적을 전혀 발견할 수 없다는 걸 알게 되었다. 이제 상상의 나래는 우리 태양계를 넘어 다른 태양계나 은하로 향한다. SF영화나 소설 등에서는 안드로메다은하(Andromeda Galaxy) 또는 마젤란 성운(Magellan Galaxies) 등이 자주 등장한다. 천문학자 중에서도 외계 지성체에 대해 진지하게 고민하는 사람들이 나타난다. 《코스모스(Cosmos, 1980)》로 유명한 칼 세이건(Carl Sagan)이 대표적이다. 그는 외계 지성체의 흔적을 발견하기 위한 세티(Search for Extra-Terrestrial Intelligence, SETI) 프로젝트를 발족하는 데 큰 영향을 미쳤다. 전파망원경을 이용해서 외계 지성체의 전파를 수신하려는 계획이었다. 세티는 1960년대에 시작되어 20세기 내내 미 정부의 지원을 받아 운영되었지만 단 하나의 의미 있는 전파도 수신하지 못했다. 그리고 1998년 미 정부의 지원이 끊어진 이후 현재도 민간 차원에서 계속 외계 지성체의 흔적을 찾고 있다.

아주 우연히 외계 지성체의 흔적을 찾을 순 있겠지만 우리가 직접 그들과 조우하는 행운을 누리기는 대단히 힘들 것이다. 물론 이 광대한 우주의 어느 곳에 지성을 가진 존재가 있을 수 있다는 의견에는 동의하지만 실제 만날 순 없을 거라 생각한다. 먼저 우리 문명의 시간이 우주 전체에 비해 너무 짧기 때문이다. 우리가 외계 생명체와 조우하고 그 기록을 남길 수 있는 수준이 된 건 기껏해야 1~2천 년밖에 되질 않는다. 반면 우주의 나이는 140억 년 가까이 된다. 우주의 나이로 따지면 우리 문명은 천만 분의 일 정도 기간밖에 되지 않은 것이다. 우리가 앞으로 1만 년의 기간 정도 문명을 지속시킨다고 해도 백만 분의 일 정도밖에는 되질 않는다. 외계의 문명 또한 그 정도라고 가정한다면 우연히 같은 시기에 비슷한 수준에 도달할 문명의 개수가 얼마나 될지 의문인 것이다.

거리의 문제도 있다. 우리와 가장 가까운 외계 항성은 4광년 정도 떨어진 알파 센타우리(Rigil Centaurus)다. 빛의 속도로 가도 4년이 걸린다는 말이다. 더구나 현재 우리의 기술 수준으로는 몇십만 년이 걸리는 거리다. 우리의 과학 기술이 얼마나 발달할지는 모르지만 앞으로 몇백 년의 기간 동안 알파 센타우리를 가는 데는 몇만 년 정도의 시간이 걸릴 수밖에 없을 것이다. 기술이 아주 눈부시게 발달한다면 몇백 년 정도로 단축될 수도 있을 것이다. 그렇다면 몇백 광년, 몇만 광년 떨어진 곳은 우리 기술이 아무리 발달한다고 해도 실제로 갈 수 있는 곳은 아니란 얘기다. 외계인 또한 우리 우주를 지배하는 물리 법칙에 얽매여 있는 존재이니 우리가 그들을 찾아가는 일만큼 그들이 우리를 찾아오는 일 또한 힘들 것이다.

화성에 간 우주선과 통신을 할 때에도 몇십 초를 기다려야 한다. 전파가 빛의 속도로 간다고 해도 절대적인 거리가 멀기 때문이다. 우리와 가장 가까운 알파 센타우리 항성계에 만약 외계 지성체가 있다고 하더라도 그들과 우리가 서로 연락을 하려면 적어도 9년 가까운 시간이 걸린다. 우리가 보낸 전파가 그곳에 도달하는 데 4.3광년이 걸리고, 그곳에서 다시 우리에게 보낸 전파가 도달할 때까지 또 4.3광년이 걸리기 때문이다. 그보다 훨씬 더 먼 곳은 말할 필요도 없다. 안드로메다은하의 외계 지성체가 우리에게 보낸 신호는 몇백만 년이 지나서야 도착하고, 우리가 답을 할 때에는 아예 그 지성체가 멸종했을 가능성이 훨씬 더 클 수도 있다.

만약 아주 우연히 외계 지성체의 신호를 포착하고 아주 운 좋게 그 의미까지 알아낸다 하더라도 그저 '아, 우주에 우리 말고 누군가가 또 있구나'라고 아는 정도 이상의 일은 일어나지 않을 것이다. 그래서 우리의 외로움은 역으로 지구상의 모든 존재에 대한 관심과 배려로 바뀌어야 하지 않을까 하는 생각을 해본다. 외로운 우주에서 우리 지구상의 존재들만이라도 서로 보듬고 살아야 하지 않을까?

### 왜 중력의 크기가 가장 작을까

영화 〈인터스텔라(Interstellar, 2014)〉를 보면 모래와 책을 이용해서 다른 우주에 있는 쿠퍼가 머피에게 신호를 보낸다. 그런데 영화에서 쿠퍼가 모래와 책을 움직일 수 있었던 것은 중력이 차원을 사이에 두고 전달된 것이라고 설정하고 있다. 크리스토퍼 놀란(Christopher Nolan) 감독의 동생이자 영화 시나리오를 쓴 조너선 놀란(Jonathan Nolan)이 실제로 이론 물리학을 공부하면서 만든 설정이다.

그럼 왜 하필 중력이었을까? 우리가 누군가에게 신호를 보내려면 결국 물리학에서 말하는 '힘'이 필요하다. 우주의 근본적인 힘은 크게 중력, 전자기력, 약력, 강력의 네 가지로 구분된다. 약력과 강력은 아주 좁은 범위에서만 그 영향력을 발휘할 수 있고, 전자기력과 중력은 이론적으로는 무한대로 영향을 발휘할 수 있다. 물론 둘 다 거리가 멀어질수록 거리의 제곱에 반비례해서 힘이 줄어들기는 한다. 그중 우리가 신호를 전달하기 위해 사용하는 것은 대부분 전자기력이다. 빛(가시광선)을 쏘고 전파를 쏘는 것, 자외선이나 적외선, 레이저는 모두 전자기력을 이용한 것이다. 하지만 지구와 태양계를 벗어나서 우주 전체로 눈을 돌리면 다른 힘이 필요하다. 천체들끼리 서로 신호를 주고받는 것, 즉 은하계가 원반 모양이나 타원 모양을 띠는 것, 은하들끼리 뭉쳐서 은하단을 만들고, 은하단들이 다시 뭉쳐서 초은하단이나 우주 거대 구조를 만드는 것은 모두 중력에 의해 일어나는 일들이다. 물론 별들이 내는 빛은 전자기력이지만, 그 빛에 의한 상호작용은 중력에 비하면 거의 새 발의 피도 안 된다.

그러나 인터스텔라에서 중력이 중요한 모티브가 되는 건 단지 전 우주적으로 작용하고 있기 때문은 아니다. 역설적으로 중력이 우주에 존재하는 힘 중 크기가 가장 작기 때문이다. 냉장고에 붙어 있는 자석을 생각해보자. 지구라는 아주 커다란 물질이 자석을 아래로 당기고 있는데 자석은 떨어지지 않고 있다. 이것은 지구에 비하면 엄청나게 작은 냉장고 문짝의 전자기력이 자석을 당기는 힘 때문이다. 즉, 전자기력에 비하면 중력은 아주 작은 힘이다. 그래서 과학자들은 다른 힘에 비해서 중력이 이렇게 작은 이유가 무엇인지 고민을 했다. 그에 대한 대답은 과학자들마다 서로 다른데, 그중 대표적인 가설이 바로 초끈이론(Super-String Theory)이다.

초끈이론에 의하면 이 우주는 원래 24차원으로 이루어졌다. 하지만 우리가 사는 3차원을 제외한 나머지 차원이 아주 작게 말려 있어서 우리는 그것들을 느끼지 못하는 것이다. 그리고 전자기력, 약력, 강력 같은 힘들은 모두 우리가 알고 있는 3차원에서만 그 힘이 작용하는데, 중력만은 나머지 차원으로도 그 힘이 뻗어 있다는 것이다. 중간에 구멍이 난 빨대로 물을 빨면 잘 빨리지 않는 것처럼 나머지 차원으로 줄줄 새기 때문에 우리가 느끼는 중력이 아주 작다는 말이다.

다른 차원으로 줄줄 새는 것이 바로 핵심이다. 우리가 사는 우주가 아닌 다른 우주와 이어져 있는 차원이 만약 아주 작게 말려 있는 다른 차원이라면, 중력이 새어 나가서 다른 우주와 상호작용을 할 수 있다는 말이다. 그래서 영화 〈인터스텔라〉에서 쿠퍼가 시간을 사이에 두고 머피에게 신호를 보내려 할 때 중력을 이용한 것이다. 다시 말해, 〈인터스텔라〉는 상대성이론뿐만 아니라 초끈이론에도 이론적 기반을 둔 영화라고 할 수 있다. 여분의 차원을 통해 우리 우주가 속한 더 큰 우주의 다른 부분, 즉 다른 우주로 이동하고 다시 돌아온다는 것은 초끈이론의 영역이라 할 수 있다.

그렇다면 정말 영화처럼 현실에서도 시간과 공간을 뛰어넘어 서로 의사 전달을 할 수 있을까? 그 답은 '아니오'다. 그리고 앞으로도 아마 거의 불가능할 것이다. 일단 초끈이론 자체가 아직 검증되지 않은 가설에 불과하다. 초끈이론이나 기타 최종이론(Theory of Everything)[6]으로 소개되는 이론들은 기존의 양자역학과 상대성이론이 서로 불화하는 부분을 해결하는 것을 목표로 삼고 있다. 하지만 어느 것 하나 검증된 이론이 없다. 특별한 일이 없는 한 21세기 내에 검증될 가능성도 별로 없다. 설사

6 자연계의 네 가지 힘인 중력, 전자기력, 약력, 강력을 하나로 통합하여 설명할 수 있는 가상의 이론으로, 모든 것의 이론 또는 만물이론이라고도 한다.

초끈이론이 획기적인 발견을 통해 검증된다고 하더라도 영화처럼 웜홀을 통해 여행하는 기술도, 5차원을 통해 시간과 공간을 뛰어넘어 의사소통을 하는 기술도 아마 우리가 살아 있는 동안 달성하기 어려울 것이다. 이런 기술은 현재 우리의 기술 발달 수준과는 엄청난 차이가 있다. 이를테면 구석기 시대 인류에게 휴대전화를 만들라는 이야기나 마찬가지다.

5

# 시간을 달리는 소녀가 구하려는 친구는 과거와 같은 사람일까?

## <시간을 달리는 소녀>로 보는 평행우주

마코토에게

당신은 정신없이 달렸지요. 눈앞에서 가장 친한 친구 두 명이 기차에 치이는 장면이 펼쳐집니다. 그 순간은 왜 그리 길고도 짧은지요. 친구가 기차를 보고, 놀라고, 겁내고, 피하려다 부딪히는 그 장면 하나하나가 슬로우 모션처럼 길었습니다. 그러나 당신이 아무리 빨리 달려도 구할 수 없을 만큼 어이없이 짧기도 했습니다.

당신은 시간을 달립니다. 숨 한번 고를 틈도 없이 다시 시간을 달리고 달려, 거슬러 올라가선 친구들을 구합니다. 안도의 한숨. 그러니 당신에게 전 말을 건넬 수가 없었습니다.

사실 당신이 시간을 거슬러 올라가 구해낸 두 친구는 조금 전 당신이 목격한 사고의 당사자들이 아니에요. 당신이 시간을 거슬러 올라가려고 결심한 순간, 세상은 두 개로 나뉩니다. 당신이 달려 올라간 세상 반대편에는 여전히 기차에 부딪혀 피 흘리는 친구를 보며 통곡하고 몸서리치는 또 다른 당신이 존재하는 세상이 있다고 어찌 말할 수 있겠습니까.

### 다른 차원의 또 다른 나, 평행우주

19세기 말, 사람들은 물리학의 중요한 문제들이 뉴턴과 마이클 패러데이(Michael Faraday)[7], 제임스 맥스웰(James Clerk Maxwell)[8] 등의 과학자에 의해서 모두 풀렸다고 생각했다. 전자를 발견한 윌리엄 톰슨(William Thomson), 즉 켈빈 경은 이제 물리학에서 더 이상 연구해야 할 중요한 문제는 없다고 선언하기까지 했다.

그러나 당시 물리학자를 괴롭히던 '지엽적' 문제 네 가지가 남아 있었다. 하나는 광속이 항상 일정하다는 문제였고, 다른 세 가지는 흑체, 광전효과, 러더포드(E. B. Rutherford)의 원자모형이었다. 광속에 관한 문제는 아인슈타인(Albert Einstein)의 특수상대성이론(Special Relativity)[9]으로 발전해 물리학을 완전히

7 영국의 화학자이자 물리학자. 전자기 유도 법칙을 발견하고 통일성과 보편성을 가진 전기 개념을 제창하여 전자기학의 새로운 시대를 열었다.

8 영국의 물리학자. 전자기학의 장(場) 개념을 집대성했다. 빛의 전자기파설의 기초를 세웠고 기체의 분자운동에 관해 연구했다.

9 빛의 속도는 불변하며 시간과 공간은 각각 관찰자에 따라 정의된다는 이론으로, 뉴턴 역학과 맥스웰의 전자기이론 사이의 모순을 해결했다.

뒤집어버렸다. 나머지 세 가지는 양자역학으로 발전해 또 물리학을 완전히 뒤집어버렸다. 그런 말이 있다. '문제는 디테일이다.' 바로 디테일한 문제 몇 가지를 해결하다가 몇백 년 동안 공고히 쌓아왔던 물리학 전체를 뒤집어버린 것이다.

20세기 초는 위대한 물리학자들이 수없이 등장해서 활약하던 시절이었다. 아인슈타인의 광전효과 이론과 막스 플랑크(Max Planck)[10]의 에너지 양자 가설로 시작되었던 논의는 드 브로이(Louis de Broglie)[11]의 물질파를 거쳐 보어(N. Bohr)[12]를 중심으로 한 연구그룹에 의해 발전을 거듭하며 양자역학으로 발전하기 시작한다. 그즈음에 슈뢰딩거 방정식(Schrödinger Equation)[13]이 등장한다. 아인슈타인의 광양자 가설(Light Quantum Theory)[14]과 물질파 이론 등이 모두 하나의 방정식으로 체계화된 것이다. 모두 멋진 결말이라고 생각했다. 그런데 이 방정식을 두고 새로운 논쟁이 시작되었다. 방정식을 어떻게 '해석'할 것인가에 대한 문제였다. 왜냐하면 방정식 자체가 추상적인 파동함수라는 것을 다루었기 때문이다. 이런저런 논의가 오고가는 와중에 막스 보

---

**10** 독일의 물리학자. 엔트로피, 열전현상, 전해질용해의 연구 등으로 열역학의 체계화에 공헌하였다.

**11** 프랑스의 이론물리학자로 전자나 양성자와 같은 작은 입자들도 입자의 성질뿐만 아니라 파동의 성질도 가진다는 물질파 이론을 주장했다.

**12** 덴마크의 물리학자. 1975년 원자핵 내의 집단운동과 입자운동의 결부에 관한 연구의 업적으로, 레인워터, 모틀손과 함께 노벨물리학상을 받았다.

**13** 양자계가 시간에 따라 어떻게 변화하는지를 기술하는 식으로, 계의 상태를 보여주는 파동함수의 변화를 나타내는 미분방정식이다.

**14** 빛은 광양자(광자)라는 입자의 흐름이라고 전제하는 이론이다.

른(Max Born)[15]이라는 물리학자가 아주 깔끔하게 문제를 해결했다. 그가 제시한 해답은 '파동함수'가 물질이 발견될 확률, 입자가 존재할 확률을 의미한다는 것이었다.

그러나 슈뢰딩거와 막스 플랑크, 아인슈타인를 비롯한 일부 물리학자들은 도저히 그의 해답에 동의할 수가 없었다. 입자가 존재할 확률이라는 것을 인정하지 않았다. 있으면 있고 없으면 없는 것이지, 확률적으로 존재한다는 것이 도대체 말이 되는가? 그래서 아인슈타인은 "신은 주사위 놀이를 하지 않는다(God does not play dice)"라고 말했다. 슈뢰딩거는 그 유명한 '슈뢰딩거의 고양이' 사고실험을 통해서 반박하고자 했다. 그러나 막스 보른의 해석은 양자역학의 핵심 인물인 닐스 보어와 베르너 하이젠베르크(Werner K. Heisenberg)[16]의 지지를 받았고, '슈뢰딩거의 고양이' 사고실험을 포함한 여러 주장에 대해 훌륭하게 논박했다. 보어와 하이젠베르크는 동료들과 함께 이를 더 발전시켜서 코펜하겐 해석(Copenhagen interpretation)[17]이라는 것을 내놓았다. 그리고 코펜하겐 해석은 이후 엄격한 검증을 모두 통과하여 100년 동안 양자물리학의 주인 자리를 굳혀왔다.

'슈뢰딩거의 고양이' 사고실험에 대해 간단히 알아보도록 하

15 독일의 물리학자. 1954년에 파동함수의 통계적 해석으로 노벨물리학상을 수상했다.
16 독일의 이론물리학자. 보어의 지도 아래 원자구조론을 검토하여 양자역학의 시초가 되는 연구를 하였으며, 불확정성원리에 대한 연구로 새로운 이론의 개념을 명확하게 하였다.
17 양자역학의 수학적 서술과 실제 세계와의 관계에 대한 표준 해석이다.

자. "상자 안에 고양이가 들어 있는데, 고양이를 죽일 수도 살릴 수도 있는 장치가 함께 들어 있다. 확률은 절반이다. 우리가 상자 뚜껑을 열면 죽은 고양이나 살아 있는 고양이 둘 중 하나를 본다. 그렇다면 우리가 뚜껑을 열지 않았을 때 고양이가 반은 죽었고 반은 살아 있는 상태로 중첩된다는 것이 말이 되는가."

이에 대해 코펜하겐 해석을 지지하는 쪽에서도 충분히 논박을 한다. 거시 세계의 예를 미시 세계의 영역으로 억지로 끌어들이면 안 되고, 실제로 전자의 상태는 중첩이 가능하다는 것이다. 그러나 말 그대로 해석이니 다른 방식의 해석이 존재하지 않을 이유가 없다. 그중 하나가 미국의 물리학자 휴 에버렛 3세(Hugh Everett III)가 제창한 '다세계 해석'이다. 상자를 열어보기 전에는 살아 있는 세계와 죽어 있는 세계가 모두 존재하며, 관측하는 순간 우리 모두는 둘 중 하나의 세계로 진입하게 된다는 것이다. 이 해석에서는 파동함수가 존재할 확률이 아니라 각각의 세계로 진입할 확률이 되는 것이다.

그렇다면 우리가 어떤 상태를 선택할 때마다 또는 관측할 때마다 세계는 둘로 분열하게 된다는 것이다. 여기서 세계는 우리가 존재하는 우주 전체다. 그래서 평행우주 개념이 등장하게 된다. 많은 이들이 평행우주(Parallel Universe) 개념과 다중우주(Multiverse) 개념을 혼용해서 쓰고 있지만, 사실 평행우주 개념은 양자역학의 다세계 해석에 기반한 다중우주 개념만을 말하는 것이다. 대중문화에서도 많이 차용하고 있는 개념이다. 우리가 어떤 선택을 할 때마다 우주가 둘로 나뉘고 우리는 그중 하나의 우주에서만 살 수 있다는 건 참으로 신기하면서도 매력적인 일이다. 이쪽 세계에선 그녀와 헤어졌지만 저쪽 세계에선 알콩달콩 살고 있다고 생각하면 어쩐지 위로가 되기도 할 것이다. 물론 반대의 경우는 남의 일이니 신경 끄자고 하면 그뿐이고.

**빅뱅! 그리하여 우주가 있었다**

사실 다중우주란 개념은 우리 우주를 전제로 하는 개념이다. 원래 고대 그리스 이래 서양과학에서는 우주가 처음도 끝도 없는 영원한 곳이라 생각했다. 그리고 아무것도 변하는 것이 없다고 생각했다. 즉, 현재 우리가 보는 모습 그대로, 우리가 아는 처음 이전부터 우리가 상상하는 끝 이후까지 항상 그대로 유지된다고 여겼다. 아리스토텔레스가 바로 이런 주장을 했었다. 그리고 20세기 들어서 이런 우주관을 정상우주론(Steady-state Cosmology)이라는 이름으로 부르기 시작했다.

정상우주론의 입장에서 다중우주는 말도 되지 않는 개념이다. 우리 우주 자체가 이미 완벽하고 영원하며 무한하다고 생각했기 때문이다. 다중우주란 우리 우주는 시작도 있고, 끝도 있으며 무엇보다 무한하지도 않다는 걸 전제로 한다.

우주의 시작이 있다는 이론을 빅뱅이론(Bigbang Theory)이라고 한다. 과학자들은 아인슈타인의 일반상대성이론(General Relativity)[18]에 기초해서 처음 빅뱅이론을 제안했다. 일반상대성이론에 따르면 공간 자체가 수축하거나 팽창할 수 있다. 또 밤하늘의 수많은 별과 은하를 관측해 우리 우주가 끊임없이 팽창하고 있다는 사실을 발견했다. 그로부터 역으로 계산해서 우리 우주가 어떻게 시작되었는지 추측한 것이 바로 빅뱅이론이다. 초기에는 당연히 가설에 불과했다. 하지만 우주배경복사(Cosmic Background Radiation)[19]라든가, 적색편이(redshift)[20] 같은 다양한 증거가 속속 발견되면서 이제는 엄연한 사실로 받아들여지게 되었다.

빅뱅이론에 따르면 우주의 시작은 136억 년 전이다. 몇 월 며칠 몇 시 정도까지 정확히 알아낼 수 있으면 좋겠지만, 그건 불가능하다. 누가 내 키를 물어보면 169센티미터라고 답할 뿐, 169.027센티미터라고 하지 않는 것과 비슷하다. 아침이면 조금 더 커져 있고 저녁이면 조금 줄어들기도 하니, 어느 시점을 잡아 내 키라고 말할 수 없는 것과 마찬가지다. 우주의 나이도 이와 같이 대략 136억 년 정도로 짐작하고 있다.

가끔 빅뱅 이전의 우주가 어떠했는지를 궁금해하는 사람

---

**18** 1905년에 발표한 특수상대성이론에 관성질량과 중력질량이 같다는 등가원리와 휘어진 공간의 기하학적 구조에 관한 중력이론을 더한 이론이다.

**19** 특정한 천체가 아니라 우주공간의 배경을 이루며 모든 방향에서 같은 강도로 들어오는 전파를 말한다.

**20** 천체의 스펙트럼선이 원래의 파장에서 파장이 약간 긴 쪽으로 치우쳐 나타나는 현상이다.

들이 있다. 그런 사람들에게 나는 토마스 아퀴나스(Thomas Aquinas)의 답을 들려준다. 토마스 아퀴나스는 신이 천지창조를 하기 전에는 세상이 어떠했는지 묻는 질문에 "천지창조 전에는 시간도 없었습니다. 그러니 공간이라고 있을 리 있겠습니까? 오직 신만이 전 존재였으니 그때가 어땠는지를 묻는 것 자체가 우습습니다"라고 답했다. 그래도 그 이전의 우주가 궁금하다는 이들에게 토마스 아퀴나스는 "그런 질문을 하는 이들을 위한 지옥을 준비하고 있었답니다"라고 농담처럼 답했다고 한다.

지금 우주의 시간은 우주가 시작되면서부터 흐르기 시작했다. 시간마저도 빅뱅과 동시에 탄생한 것이다. 따라서 지금의 시간을 가지고 빅뱅 이전을 잴 순 없다. 그리고 빅뱅 이전에는 우리가 현재 존재하는 우주라는 공간 자체가 없었으니, 그 이전에 우주에 뭐가 있었냐고 묻는다면 누구도 할 말이 없는 것이다. 즉, 빅뱅이 있기 전에는 '우주' 자체가 없고, 우주에서부터 시작된 공간도 시간도 없었다.

빅뱅이 시작된 직후의 우주는 아주 작고 뜨거웠다. 사실 너무 작아서 그 속에서 무슨 일이 있었는지조차 알 수 없다. 우주가 시작되고 $10^{-34}$초까지의 시간을 플랑크 시대(Plank epoch)라고 한다. 이는 아무것도 알지 못하는 시대라는 뜻이기도 하다. 이 시기 우주의 크기는 $10^{-33}$센티미터였다. 맨눈으로 보이지 않았을 정도가 아니라 전자현미경으로도 볼 수 없을 만큼 작은 크기였다. 그리고 앞서 말했듯 아주 뜨거웠다. 이렇게 온도가 높고 크기가 작은 경우에는 일반상대성이론만으로는 이해할 수가 없다. 양자역학적 측면을 고려해야 하기 때문이다. 하지만 불행하게도 아직 양자역학과 일반상대성이론을 모두 아우르는 이론은 나타나지 않고 있다. 물론 가설 수준에서의 제안은 몇 가지가 있지만 모두 아직 검증 과정을 거치지 못했다. 그래서 우리는 아직 플랑크시대의 우주가 어땠는지에 대해선 잘 모른다.

$10^{-43}$~$10^{-36}$초의 시대를 대통일장 시대(Grand Unification epoch)라 이른다. 이 시기에 우주는 빛보다 빠른 속도로 팽창했다. 무려 1,050배나 빨랐을 것으로 예상한다. 물리학에서는 우주를 지배하는 가장 기본적인 힘을 중력, 전자기력, 약력, 강력으로 구분한다. 이 네 가지는 처음에는 하나의 힘이었는데, 온도가 내려가면서 분리가 된 것으로 여겨진다. 그리고 대통일장 시대에 처음으로 중력이 나머지 힘들과 분리가 됐다. 이 시기가 끝날 때쯤에는 강력이 전자기력과 약력으로부터 갈라져 나왔다.

대통일장 시대가 끝나자마자 우주는 아주 급격히 팽창했다. 이러한 급격한 팽창을 인플레이션(Inflation)이라 부른다. 이때 우주를 팽창시킨 힘은 진공 에너지였다. 우리 눈에 보이지도 않는 $10^{-40}$센티미터 정도 되던 우주를 1센티미터 정도의 크기로 급격히 팽창시켰다. 인플레이션이라고 하면 현금의 가치가 하락하고 물가가 오르는 것을 의미하는 경제학 용어로 알고 있을 것이다. 이미 짐작하겠지만 인플레이션이라는 말에는 부풀린다는 의미가 담겨 있다.

우주도 기본적으로 계속 팽창을 하고 있으니 우주의 전 시기를 인플레이션 기간이라고도 할 수 있을 것이다. 하지만 아주 빠르게 부풀어 오른 이 시기만을 인플레이션 시기라고 부른다. 이러한 인플레이션 시기로부터 시작되는 때가 곧 전자기약력 시대(Electroweak epoch)다. 대략 $10^{-36}$~$10^{-12}$초까지의 시기를 말한다. 이때 우주는 팽창을 거듭하면서 지속적으로 온도가 내려갔다. 결국 전자기력과 약력도 서로 갈라지게 되면서 전자기약력 시대는 마무리된다.

$10^{-12}$~$10^{-6}$초 사이는 쿼크 시대(Quak epoch)라고 한다. 양성자와 중성자 등을 구성하는 기본 입자인 쿼크가 생성되는 시기다. 그 뒤를 이어 $10^{-6}$~1초까지는 강입자 시대(Hardron epoch)라고 한다. 쿼크가 모여 양성자나 중성자 같은 강입자를 만들던 시기다. 그리고 뒤이은 1~10초 사이가 경입자 시대(Lepton epoch)다. 이 시기에 전자와 같은 경입자가 만들어졌다.

그리고 우주 시작 후 10초가 되자 광자 시대(Photon epoch)가 시작된다. 광자 시대는 38만 년까지 지속됐다. 줄곧 팽창해온 우주는 온도가 더욱 떨어졌고, 이 시기에 드디어 10억 도 이하까지 내려가게 된다. 이제 양성자와 중성자가 서로 만나 원자핵을 만들 수 있는 여유가 생긴 것이다. 수소와 헬륨, 그리고 아주 극히 일부의 리튬과 베릴륨 원자핵이 만들어진다. 하지만 아직 전자는 원자핵과 결합하지 못한다. 아직 온도가 충분히 식지 않았기 때문이다. 이때는 전자가 아주 맹렬한 속도로 온 우주를 달리고 있던 시기다. 그래서 빛이 만들어져도 우주로 뻗어나가지 못하고 다시 전자에 흡수되고, 그러면서 전자가 다시 빛을 내고, 그 빛은 다시 다른 전자에 흡수되기를 반복했다.

스페이스 오페라 영화를 보면 우주 함대가 서로에게 광선포를 쏘는 장면이 등장한다. 과학적으로 가장 비슷한 형태를 생각해보면 광선포는 빛이라기보다는 플라스마(plasma)에 가깝다. 원자는 원자핵과 그 주변을 도는 전자로 구성된다. 원자핵에는 플러스 전기를 띠는 양성자가 있고 전자는 마이너스 전기를 띠니, 둘 사이에는 서로 잡아끄는 인력이 생긴다. 따라서 전자가 원자핵을 벗어나지 못하고 그 둘레를 돌게 된다. 그런데 아주 높은 에너지를 전자에 투입하면, 전자의 속도가 빨라져서 원자핵의 애원(?)에도 불구하고 뛰쳐나온다. 이렇게 원자핵과 전자가 따로 노는 상태를 플라스마라고 한다. 광선포는 우주전함 내의 에너지원에 의해 몇만 도의 온도로 가열된 원자가 원자핵과 전자로 분리될 때 높은 압력을 가해 상대편에 쏘는 것이다.

바로 광자 시대 우주의 상태가 딱 그렇다. 아주 높은 온도의 환경에서 전자가 원자핵의 속박에서 벗어나 온 우주를 달린다. 그래서 우주 전체가 뿌옇게 흐려진다. 빛이 우주를 내달리고 싶어도 조금만 가다 보면 전자를 만나 부딪치기를 반복하다 보니 좀처럼 우주를 가로지를 엄두를 내지 못하는 것이다.

그러나 우주가 팽창하면서 온도가 더욱 내려가기 시작했다. 우주의 평균 온도가 3,000도 정도가 되자 마침내 전자의 속도가 느려져 원자핵이 붙들 수 있게 됐다. 전자들이 원자핵과 만나 원자를 이루게 되자 우주의 텅 빈 공간으로 빛들이 마구 내달리기 시작한다. 이때 우주 전체로 퍼져나간 빛 중 일부는 지금도 우주 곳곳에서 발견되고 있다. 물론 지구에서도 발견된다. 이 빛을 우주배경복사라고 한다. 적색편이와 더불어 빅뱅이 있었다는 것을 알려주는 결정적인 증거다. 처음 빛이 생성되어 우주를 달리기 시작할 때에는 아주 고온의 에너지를 가지고 있었다. 하지만 136억 년의 세월 동안 우주가 팽창했고, 그만큼 에너지가 낮아졌다. 이제 우리가 확인하는 빛은 영하 270도 정도의 온도를 가지고 있는 빛이다.

한편 전자가 원자핵과 만나 원자가 형성되면서 우리가 아는 물질들이 등장하기 시작한다. 수소와 헬륨이다. 당시 우주에 존재하는 물질은 수소가 75퍼센트 정도, 헬륨이 25퍼센트 정도였다고 한다. 136억 년이 지난 지금까지도 약간의 변화만 있을 뿐, 우주에 존재하는 물질 대부분은 수소와 헬륨 원자로 이루어져 있다. 태양도 은하도 마찬가지다.

우주가 시작되고 38만 년부터 4억 년까지 암흑 시대(Dark

Age)가 찾아온다. 아직 별이 만들어지지 않아서 우주를 비추지도 못하던 시기다. 우주배경복사가 나온 뒤 뒤이은 빛들이 아직 만들어지지 않았던 시기다. 하지만 아무런 움직임이 없었던 것은 아니다. 우주는 이때도 끊임없이 팽창을 하고, 물질들은 중력에 의해 서로서로 뭉치면서 다음 시기를 준비했다. 이렇게 뭉쳐진 물질들이 마침내 별을 만들기 시작하면서 암흑 시대가 막을 내린다. 드디어 별들이 우주를 비추기 시작했고, 별이 모여 은하가 되었다.

### 무지의 암흑 밖으로, 계속

지금까지 아주 간단하게 우주의 역사를 훑어보았다. 그런데 아직도 우주에는 우리가 정체를 모르는 물질이 꽤 많다는 것을 20세기 중반에 들어 알게 되었다. 안드로메다은하를 관찰하던 과학자들은 이상한 사실을 깨닫게 되었다. 우선 밤하늘의 천체는 대부분 회전 운동을 한다. 은하도 예외가 아니다. 그런데 은하는 하나의 물질이 아니라 여러 별과 성운이 모인 것이니 각각 조금씩 다른 속도로 돌고 있다. 그런데 안드로메다은하의 별들이 너무 빨리 도는 사실을 발견하게 된 것이다. 물체가 도는 속도는 중심까지의 거리와 질량에 의해서 정해진다. 거리는 이미 관측을 통해서 알고 있었다. 그렇다면 안드로메다은하의 별들이 생각보다 빠르게 은하 중심을 공전한다는 것은 안드로메다은하

자체가 생각보다 더 많은 질량을 가지고 있다는 뜻이다. 그러나 우리 눈에 보이는 물질들을 아무리 더해봐도 별들의 속도를 빠르게 만들 만큼의 질량이 나오질 않았다. 결국 우리 눈에 보이지 않는 물질이 안드로메다은하에 있다는 결론에 도달했다. 과학자들은 그 물질에 암흑물질(dark matter)이라는 이름을 붙였다.

그것으로 끝이 아니었다. 이제는 우주가 팽창한다는 것이 상식이 되었지만, 우주의 팽창속도가 얼마나 되는지는 상식이 아니다. 실제로 팽창속도를 측정하는 것은 정말 어려운 일이다. 천문학자들과 물리학자들이 아무리 열심히 우주의 팽창속도를 재도 방법에 따라 각자의 속도에 조금씩 차이가 있어 완전히 합의가 되질 않고 있다. 단, 그 속도가 무척 빠르다는 정도에서 합의를 보았다. 그런데 우주에 존재하는 물질과 암흑물질의 밀도를 가지고 계산해봐도 우주의 팽창속도가 지금처럼 빠르면 안 된다는 것을 발견했다. 이에 과학자들이 연구 끝에 본 합의가 '척력으로서의 중력을 가지는 에너지'가 있다는 것이다. 이게 무슨 말이냐고? 뉴턴이 처음 만유인력을 발견한 뒤 사람들은 이 우주에 존재하는 모든 물질은 자신과 상대의 질량의 곱에 비례하여 서로 '끌어당기는' 힘을 가진다는 사실을 알게 되었다. 전기력이나 자기력은 끌어당기는 인력과 밀어내는 척력을 가진 데 반해, 중력은 오로지 끌어당기기만 한다는 말이다.

그러나 20세기 초 아인슈타인이 특수상대성이론을 발표한 뒤 물질과 에너지가 등가임을, 즉 서로 교환 가능한 양임을 알게 되었다. 뒤이어 에너지도 일종의 만유인력을 가짐을 알게 되었다. 그런데 물질의 경우에는 인력만을 가지지만, 에너지의 경우에는 척력으로서의 중력도 가질 수 있다는 것이 아인슈타인의 일반상대성이론으로 확인된다. 즉, 우리가 모르는 미지의 에너지가 척력으로서의 중력으로 작용하여 우주의 팽창속도가 더 빨라졌다는 이야기다. 과학자들은 이 미지의 에너지에 암흑에너지(dark energy)라는 이름을 붙이기로 했다.

그리하여 우주는 우리가 아는 물질과 우리가 모르는 암흑물질, 그리고 암흑에너지로 이루어져 있음을 알게 되었다. 그중 가장 많은 것이 암흑에너지다. 대략 우주 전체 에너지 밀도의 약 3분의 2 정도가 암흑에너지다. (조금 전에 질량과 에너지가 등가라는 것을 말했다. 질량이나 밀도보다 에너지 밀도가 더 큰 범위를 아우를 수 있기에 에너지 밀도라는 것을 사용한다.) 나머지 3분의 1 중에서도 4분의 3 정도는 암흑물질이다. 결국 우리가 그 정체를 알고 있는 물질은 우주 전체의 5퍼센트 정도밖에 되지 않는 것이다.

지금껏 우리가 안다고 생각했던 것에 대해서 다시금 새로운 측면을 발견하게 되는 경우가 많다. 블랙홀의 존재는 진작 알고 있었지만, 실제 블랙홀이 어떻게 생겼는지, 그곳에서 어떤 현상이 일어나는지에 대해선 여러 추측만 있었을 뿐이다. 그러나 이제 우린 전파망원경을 통해 블랙홀과 그 주변을 실제로 볼 수

중력파는 아인슈타인이 1915년 일반상대성이론에서 그 존재를 예측한 후 100년 만에 실측되었다. 중력파는 거대 질량을 가진 천체의 고속 운동 시 방출되는 광속 에너지 파동을 말한다.

있게 되었다. 또한 아인슈타인이 예측했지만 100년 가까이 그 존재를 확인할 수 없었던 중력파(Gravitational Wave)도 이제 관측이 된다. 그 관측을 통해 우리는 또 새로운 우주의 모습을 알게 될 것이다. 이렇듯 기술과 과학의 발전은 우주에 대한 새로운 지식을 늘려주지만 새로운 지식은 또 다른 의문으로 돌아온다.

1만 년쯤 되는 인간 문명의 역사 속에서 역사를 관통하며 가장 많은 관심을 받은 것 중 하나가 천문학일 듯하다. 우리는 눈으로 별을 세고, 밝기를 살펴보고, 별자리를 만들고, 기술과 과학의 발전에 따라 모르던 사실을 하나하나 밝혀냈다. 19세기 말경에는 천문학에서 우리가 밝히지 못한 건 거의 없다는 자부

심을 가지기도 했다. 그러나 '안다'는 더 많은 모름이 있음을 안다는 것을 뜻한다. 우리는 이제 우주에 대해 아직 더 많은 모름이 있다는 것을, 더 많은 질문이 있다는 것을 아는 경지에 이르렀다. 암흑물질도 알아내야 하고, 암흑에너지도 알아내야 한다. 그리고 빅뱅 초기 플랑크 시대에 대해서도 알아야 한다. 어쩌면 모든 것을 다 아는 것보다 앞으로 알아야 할 부분이 더 많다는 사실이 우리를 행복하게 하는지도 모르겠다. 재미있는 책을 읽으면서 남은 분량이 얼마 되지 않는 걸 안타까워하다가, 2권, 3권으로 이어지는 걸 알았을 때의 심정처럼 말이다. 어쩌면 이 책도 그렇게 2권, 3권으로 이어질지 모르겠다. 그럼 여기까지.

# 엑스맨은 어떻게 돌연변이가 되었을까?

**초판 1쇄 인쇄** 2019년 11월 12일
**초판 1쇄 발행** 2019년 11월 20일

**지은이** 박재용
**펴낸이** 이범상
**펴낸곳** (주)비전비엔피 · 애플북스

**기획 편집** 이경원 유지현 김승희 조은아 박주은 황서연
**디자인** 김은주 이상재 한우리
**마케팅** 한상철 이성호 최은석 전상미
**전자책** 김성화 김희정 이병준
**관리** 이다정

**주소** 우)04034 서울특별시 마포구 잔다리로7길 12 1F
**전화** 02)338-2411 | **팩스** 02)338-2413
**홈페이지** www.visionbp.co.kr
**이메일** visioncorea@naver.com
**원고투고** editor@visionbp.co.kr
**인스타그램** www.instagram.com/visioncorea
**포스트** post.naver.com/visioncorea

**등록번호** 제313-2007-000012호

ISBN 979-11-90147-07-1 03400

• 값은 뒤표지에 있습니다.
• 파본이나 잘못된 책은 구입처에서 교환해 드립니다.

이 도서의 국립중앙도서관 출판예정도서목록(CIP)은 서지정보유통지원시스템 홈페이지(http://seoji.nl.go.kr)와 국가자료공동목록시스템(http://www.nl.go.kr/kolisnet)에서 이용하실 수 있습니다.(CIP제어번호:CIP2019043409 )